U0221992

一看就会

家常靓汤

生活食尚编委会◎编

吉林科学技术出版社

A/ 国内顶级营养大师、烹饪大师，从上万道菜肴中精选出的美味菜品。

B/ 手机扫描菜品所属二维码，即可观赏到超详解视频。

D/ 全立体分解步骤图更直观地与您分享菜品制作过程之美。

E/ 每道菜都有准确的口味标注，让您第一时间寻找到自己所爱。

C/ 直观易懂的制作步骤，图文并茂地阐述菜品的详细制作过程。

Part 1 浓香畜肉炖好汤

-原 料——

猪肉馅400克/大闸蟹2只/油菜心75克/荸荠50克/鸡蛋1个/大葱、姜块各10克/精盐2小匙/胡椒粉少许/料酒1大匙

-制 作——

1. 大葱、姜块洗净，切成细末Ⓐ；荸荠去皮，洗净，拍成碎粒；油菜心洗净。
2. 螃蟹刷洗干净，放入锅中蒸熟，取出晾凉，去壳取蟹肉Ⓑ，放在容器里，加入葱末……鸡蛋拌匀。
3. 再加入……酒、精盐、胡椒粉搅拌均……，然后团成直径5厘米大小的丸子。
4. 净锅置火上，加入清水烧煮至沸，慢慢放入肉丸子烧煮至沸Ⓓ。
5. 转小火炖2小时Ⓔ，然后放入油菜心稍煮，出锅盛入汤碗中即可。

鲜咸味

25

TIPS：本套丛书部分视频刻录在随书附赠光盘中

1 打开智能手机（或者平板电脑）的微信扫一扫功能。

2 在良好的光线下，对准本书中菜品的二维码，进行识别扫描。

3 点击播放键，即可欣赏到高清全剧情版烹饪视频。

Author

生活食尚编委会

刘国栋：中国饮食文化国宝级大师，著名国际烹饪大师，商务部授予中华名厨（荣誉奖）称号，全国劳动模范，全国五一劳动奖章获得者，中国餐饮文化大师，世界烹饪大师，国家级餐饮业评委，中国烹饪协会理事。

张明亮：从事餐饮行业40多年，国家第一批特级厨师，中国烹饪大师，国家高级公共营养师，全国餐饮业国家级评委。原全聚德饭庄厨师长、行政总厨，在全国首次烹饪技术考核评定中被评为第一批特级厨师。

李铁钢：《天天饮食》《食全食美》《我家厨房》《厨类拔萃》等电视栏目主持人、嘉宾及烹饪顾问，国际烹饪名师，中国烹饪大师，高级烹饪技师，法国厨皇蓝带勋章，法国美食协会美食博士勋章，远东区最高荣誉主席，世界御厨协会御厨骑士勋章。

张奔腾：中国烹饪大师，饭店与餐饮业国家一级评委，中国管理科学研究院特约高级研究员，辽宁饭店协会副会长，国家高级营养师，中国餐饮文化大师，曾参与和主编饮食类图书近200部，被誉为“中华儒厨”。

韩密和：中国餐饮国家级评委，中国烹饪大师，亚洲蓝带餐饮管理专家，远东大中华区荣誉主席，被授予法国蓝带最高骑士荣誉勋章，现任吉林省饭店餐饮烹饪协会副会长，吉林省厨师厨艺联谊专业委员会会长。

高玉才：享受国务院特殊津贴，国家高级烹调技师，国家公共营养技师，中国烹饪大师，餐饮业国家级考评员，国家职业技能裁判员，吉林省名厨专业委员会会长，吉林省药膳专业委员会会长。

马长海：国务院国资委商业技能认证专家，国家职业技能竞赛裁判员，中国烹饪大师，餐饮业国家级评委，国际酒店烹饪艺术协会秘书长，国家高级营养师，全国职业教育杰出人物。

夏金龙：中国烹饪大师，中国餐饮文化名师，国家高级烹饪技师，中国十大最有发展潜力的青年厨师，全国餐饮业国家级评委，法国国际美食会大中华区荣誉主席。

齐向阳：国家职业技能鉴定高级考评员，中国烹饪名师，高级技师，北方少壮派名厨，首届世界华人美食节烹饪大赛双金得主，北方厨艺协会秘书长，辽宁省餐饮烹饪行业协会副秘书长。

本书摄影：王大龙　杨跃祥

封面题字：徐邦家

Forword 前言

吃是一种本能，也是一种修为。

本能表现在摄取的营养物质维持正常的生理指标，使生命正常运转；修为是指在维系生命运转的前提下，吃的是否健康、是否合理、是否养生，是否能通过吃使人体机能、精神面貌、修养理念等达到另一个高度，谓之为爱吃、会吃、讲吃、辨吃的真正美食家。

讲究营养和健康是现今的饮食潮流，享受佳肴美食是人们的减压方式。虽然在繁忙的生活中，工作占据了太多时间，但在紧张工作之余，我们也不妨暂且抛下俗务，走进厨房小天地，用适当的食材、简易的调料、快捷的技法等，烹调出一道道简易、美味、健康并且快捷的家常菜肴，与家人、朋友一齐来分享烹调的乐趣，让生活变得更富姿彩。

家常菜来自民间广大的人民群众中，有着深厚的底蕴，也深受大众的喜爱。家常菜的范围很广，即使是著名的八大菜系、宫廷珍馐，其根本元素还是家常菜，只不过氛围不同而已。我们通过一看就会系列图书介绍给您的家常菜，是集八方美食精选，去繁化简、去糟求精。我们也想通过努力，使您的餐桌上增添一道亮丽的风景线，为您的健康尽一点绵薄之力。

一看就会系列图书图文并茂，讲解翔实，书中的美味菜式不仅配有精美的成品彩图，还针对制作中的关键步骤，加以分解图片说明，让读者能更直观地理解掌握。另外，我们还对其中的重点菜肴配以二维码，您可以用手机或平板电脑扫描二维码，在线观看整个菜品制作过程的视频，真正做到图书和视频的完美融合。

衷心祝愿一看就会系列图书能够成为您家庭生活的好帮手，让您在掌握制作各种家庭健康美味菜肴的同时，还能够轻轻松松地享受烹饪带来的乐趣。

生活食尚编委会

Contents 目录

Part 1

浓香畜肉炖好汤

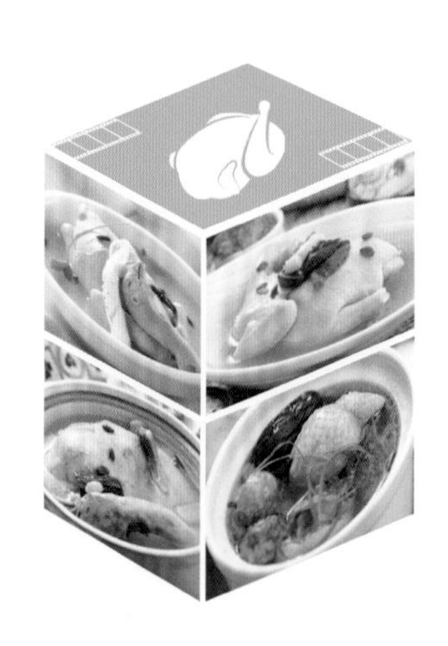

Part 2
鲜嫩蔬菜煮靓汤

Part 3
软滑禽蛋出美味

Part 4
菌藻豆品汤味美

Part 5
鲜嫩水产烩浓汤

索引一

索引二

Part 1
浓香畜肉炖好汤

肉羹太阳蛋

TIME / 20分钟

口味：鲜咸味

-原 料-

猪肉馅250克／荸荠150克／鸡蛋3个／小西红柿、豌豆各适量／小葱2根／姜1小块／精盐2小匙／生抽、蚝油各1小匙／料酒1大匙／胡椒粉少许／水淀粉、香油各适量

-制 作-

1. 猪肉馅放入搅拌器内A，加入料酒、精盐、香油和胡椒粉，再加入1个鸡蛋、清水、小葱、姜块B，搅打成蓉。
2. 荸荠去皮，洗净，拍碎C，放入打好的肉蓉内拌匀，取出，放在容器内D。
3. 将2个鸡蛋倒在打拌好的肉蓉上，再放入洗净的小西红柿加以点缀E。
4. 蒸锅内加入清水烧沸，把肉羹太阳蛋放入锅中，蒸约8分钟至熟，取出。
5. 蒸肉汁倒入锅中，加上蚝油、酱油、胡椒粉、精盐、味精、豌豆烧沸，用水淀粉勾芡，出锅浇到肉羹上即可。

-原 料-

猪瘦肉200克 / 香菇15克 / 银耳10克 / 精盐、味精、胡椒粉各少许 / 水淀粉、香油、料酒各1大匙 / 植物油2大匙 / 清汤750克

-制 作-

1. 银耳用温水泡软，去蒂，撕成块Ⓐ；香菇放碗内Ⓑ，加入清水蒸10分钟，取出香菇晾凉，去蒂，切成块Ⓒ。
2. 猪瘦肉洗净，剔去筋膜，切成4厘米大小的薄片，放入碗中，加入少许料酒和水淀粉拌匀、上浆。
3. 锅中加入植物油烧热，烹入料酒，放入香菇块、银耳块炒匀，倒入清汤烧沸，放入猪肉片汆至熟透，加入精盐、胡椒粉、味精，淋入香油即成。

-原 料

猪肥肉、猪瘦肉各200克/清水马蹄碎25克/咸鸭蛋黄5个/油菜段少许/葱白末10克/姜末5克/精盐、水淀粉、香油各2小匙/味精、胡椒粉各1大匙/料酒、鸡精各1小匙

-制 作

1. 猪肥肉先切成绿豆大小的丁，再用刀剁至有黏性；猪瘦肉洗净，剁成极细的泥A；咸鸭蛋黄一切为二。

2. 猪肉泥加入马蹄碎、姜末、葱白末、精盐、味精、鸡精、胡椒粉、水淀粉拌匀，做成肉圆，摆放在汤盆内，每个肉圆顶部放半个咸鸭蛋黄B。

3. 锅置火上，加入清水、精盐、味精、鸡精和胡椒粉调好口味，倒入盛有肉圆的汤盆内，上笼用中火蒸2小时，取出，淋入香油，点缀上汆熟的油菜段即成。

-原 料——

猪排骨500克／冬瓜350克／姜块10克／八角1粒／精盐1小匙／味精、胡椒粉各1/2小匙

-制 作——

1. 猪排骨洗净，剁成小块，放入清水锅中烧沸，焯煮5分钟，捞出用清水冲净；冬瓜去皮及瓤，洗净，切成大块A；姜块去皮，洗净，用刀拍破。
2. 锅中加入适量清水，先下入排骨段、姜块、八角，用旺火烧沸，再转小火炖煮约1小时B。
3. 然后放入冬瓜块煮20分钟，捞出姜块、八角，加入精盐、味精、胡椒粉煮至入味，即可出锅装碗。

慈姑排骨汤

-原 料——

排骨250克 / 慈姑200克 / 净鲜蘑100克 / 枸杞子10克 / 葱段15克 / 生姜1大块 / 精盐2小匙 / 味精1小匙 / 胡椒粉少许 / 料酒、熟猪油各1大匙

-制 作——

1. 排骨剁成小块Ⓐ，放入清水锅中烧沸，焯烫一下Ⓑ，捞出；慈姑去外皮，切成片，用清水漂洗干净。

2. 净锅置火上，加入熟猪油烧热，先下入大葱和姜块炝锅出香味，添入适量清水（约2000克）。

3. 再加入料酒，放入排骨块，用旺火煮约20分钟，然后放入慈姑片、净鲜蘑和枸杞子煮至熟，再加入精盐、胡椒粉、味精调好口味，出锅装碗即成。

-原 料-

猪肉馅500克/榨菜100克/香菇75克/马蹄50克/油菜心30克/鸡蛋1个/葱白、姜块各15克/精盐2小匙/味精、胡椒粉各1小匙/料酒、香油各1大匙/植物油少许

-制 作-

1. 葱白、姜块分别洗净，切成细末；马蹄洗净，用刀拍碎；水发香菇洗净，切成细丝A；榨菜洗净，切成细丝B。
2. 将猪肉馅放入碗中，加入鸡蛋、精盐、味精、料酒、香油、胡椒粉调匀C。
3. 放入葱末、姜末、马蹄末、香菇丝、榨菜丝搅至上劲D，团成大丸子形状。
4. 锅中加入植物油烧热，放入葱末、姜末炒香，再加入适量清水烧沸。
5. 放入大丸子E，盖上盖，转小火炖煮2小时至熟透，放入油菜心烧沸，即可出锅装碗。

榨菜狮子头

口味：鲜咸味

-原 料-

猪仔排500克/净黄豆芽200克/葱段、姜片各5克/精盐、味精、鸡精、胡椒粉、料酒各2小匙/香油少许

-制 作-

1. 将猪仔排顺骨缝划开，剁成3厘米长的段Ⓐ，洗净，放入清水锅中烧沸，煮约5分钟Ⓑ，捞出冲净。

2. 高压锅内添入适量清水，放入排骨段、葱段、姜片、料酒，置火上烧沸，压约15钟，离火。

3. 放汽后揭盖，拣出葱段、姜片，再放入黄豆芽，加入精盐、味精、鸡精、胡椒粉，置火上炖约10分钟，出锅盛入碗中，淋入香油即可。

-原 料-

猪排骨500克/玉米2个/香葱花10克/精盐1小匙/味精、料酒各1大匙

-制 作-

1. 猪排骨用清水浸泡，洗净，放入清水锅中焯烫3分钟以去除血水A，捞出；玉米洗净，切成小条B。
2. 砂锅置火上，加入适量清水、料酒，再放入排骨段、玉米条煮沸。
3. 转小火炖约1小时至排骨熟烂，然后加入精盐、味精调味，出锅装碗，撒上香葱花即可。

原 料

猪里脊肉300克/油麦菜、黄豆芽各75克/青蒜末少许/鸡蛋1个/葱段、姜片、干辣椒、花椒、料酒、淀粉、白糖、豆瓣酱、精盐、味精、酱油、植物油各适量

制 作

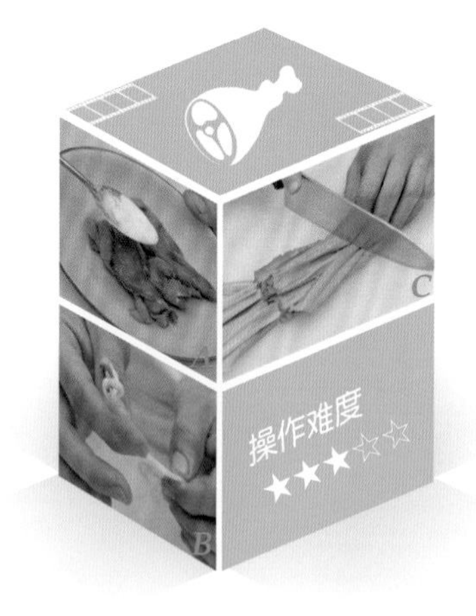

1. 猪里脊肉切成大片，加入料酒、鸡蛋、精盐、淀粉搅匀A；干辣椒和花椒分别放入锅中干煸，取出；黄豆芽择洗干净B；油麦菜择洗干净，切成小段C。

2. 锅中加油烧热，加入葱段、姜片、豆瓣酱、料酒、酱油、白糖、味精和清水煮沸，放入黄豆芽、油麦菜煮熟，捞出装碗。

3. 猪肉片放入锅中烫熟，出锅倒入黄豆芽和油麦菜上，撒上花椒、干辣椒和青蒜末，浇上热植物油即可。

-原 料——

猪脊骨500克/莲藕300克/姜片10克/精盐2小匙

-制 作——

1. 猪脊骨洗净，剁成大块，放入清水锅中烧沸，焯煮3分钟，捞出、冲净；莲藕去皮，洗净，切成小块A。

2. 坐锅点火，加入适量清水，放入猪脊骨用旺火烧沸，撇去表面浮沫，放入姜片。

3. 转中小火煲约30分钟，然后放入莲藕块B，盖上锅盖，转小火续煮约1小时，最后加入精盐调好口味，即可出锅装碗。

蟹粉狮子头

DVD

TIME / 150分钟

-原 料-

猪肉馅400克/大闸蟹2只/油菜心75克/荸荠50克/鸡蛋1个/大葱、姜块各10克/精盐2小匙/胡椒粉少许/料酒1大匙

-制 作-

1. 大葱、姜块洗净，切成细末A；荸荠去皮，洗净，拍成碎粒；油菜心洗净。
2. 螃蟹刷洗干净，放入锅中蒸熟，取出晾凉，去壳取蟹肉B，放在容器里，加入葱末、姜末、鸡蛋拌匀。
3. 再加入猪肉馅、料酒、精盐、胡椒粉搅拌均匀至上劲C，然后团成直径5厘米大小的丸子。
4. 净锅置火上，加入清水烧煮至沸，慢慢放入肉丸子烧煮至沸D。
5. 转小火炖2小时E，然后放入油菜心稍煮，出锅盛入汤碗中即可。

-原 料——

小排骨600克/番茄150克/净文蛤肉50克/小鱼干少许/精盐1小匙/胡椒粉2小匙/淀粉、酱油各2大匙/米酒1大匙/辣肉酱、植物油各适量

-制 作——

1. 小排骨洗净，剁成小段，加入淀粉、胡椒粉、米酒、酱油拌匀腌5分钟，放入热油锅中炸至金黄色A，捞出沥油；番茄去蒂，洗净，切成小块B。

2. 锅置火上，加入适量清水，放入番茄块、小鱼干、文蛤肉、排骨段烧沸，旺火煮5分钟。

3. 再转小火煮约1小时，然后加入辣肉酱及精盐调好口味，出锅装碗即可。

-原 料

鲜猪肋骨400克/水发海参3个/枸杞子5克/葱段、姜片、八角、精盐、味精、料酒、鸡精、胡椒粉、香油、鸡汤各适量

-制 作

1. 将猪肋骨剁成小段A，洗净，用沸水略焯B，捞出沥水；水发海参洗净，切成4厘米长的条，放入清水锅内汆透，捞出。
2. 排骨、海参放入汤盆中，加入葱段、姜片、八角、枸杞子、精盐、味精、鸡精、胡椒粉、料酒和鸡汤。
3. 然后用双层牛皮纸封口，上笼蒸约2小时至排骨软烂，取出，揭盖后淋入香油即可。

桃仁炖猪腰

原料

猪腰1对 / 核桃仁50克 / 枸杞子5粒 / 姜片、葱段各10克 / 精盐、鸡精、胡椒粉各1大匙 / 味精2小匙 / 料酒1小匙 / 熟猪油3大匙 / 鲜汤1000克

制作

1. 猪腰撕去表层薄膜，纵向剖开，剔净腰臊，切成厚片Ⓐ，用清水洗净血污，放入沸水锅中焯烫一下，捞出洗净；核桃仁放入沸水中焯透，捞出。

2. 锅置火上，加入熟猪油烧热，下入姜片、葱段略炸，放入猪腰片炒干水分Ⓑ，烹入料酒，加入鲜汤。

3. 放入核桃仁，加入精盐、胡椒粉，小火炖约20分钟，加入鸡精、味精，撒入枸杞子，盛入汤碗中即成。

当归炖猪腰

-原 料-

猪腰2个／当归30克／葱段、姜片各20克／精盐、料酒各1大匙／味精2小匙／胡椒粉1小匙

-制 作-

1. 猪腰撕去表层薄膜Ⓐ，剖成两半，剔净腰臊，洗净，先剞上十字花刀Ⓑ，再切成块，放入沸水锅中焯烫一下Ⓒ，捞出沥水；当归用热水泡软。
2. 净锅置火上，加入适量清水，放入当归、姜片、葱段、料酒煮10分钟。
3. 放入猪腰块，加入精盐、味精、胡椒粉调味，炖至猪腰软烂时，出锅盛碗即可。

-原 料-

净猪肥肠500克/豆腐1大块/烧饼2个/黄豆芽、粉条、香菜、葱段、姜片、蒜末、花椒、香葱末、桂皮、八角各少许/精盐、白糖、白酒、酱油、植物油各适量

-制 作-

1. 净猪肥肠放入高压锅中，加入八角、桂皮、花椒、精盐、白酒、葱段、姜片、酱油和清水压至熟嫩，关火放气。
2. 豆腐切成两半，放入热油锅中Ⓐ，用中小火煎至四面呈金黄色Ⓑ，捞出。
3. 锅留底油烧热，下入蒜瓣、八角、桂皮、葱段、姜片、清水、香菜，再加入过滤后煮肥肠的汤汁煮沸。
4. 然后放入煎好的豆腐、烧饼和肥肠煮出香味Ⓒ。
5. 黄豆芽、粉条放漏勺中，置锅上方，用汤汁烫至熟嫩Ⓓ，放入碗中垫底。
6. 捞出豆腐、烧饼，切成条片，放入碗中；捞出肥肠，切成小段，放在豆腐上，撒上蒜末、香葱末和汤汁即可。

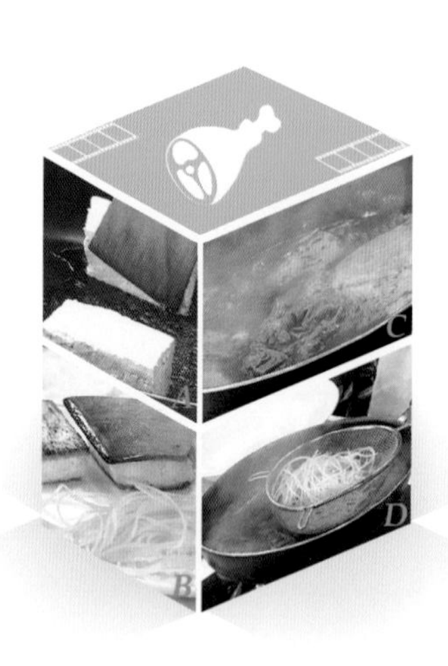

卤煮肥肠

口味：鲜咸味

原 料

鲜猪肝250克/党参、当归各15克/酸枣仁10克/姜末、葱末各25克/精盐4小匙/味精1大匙/料酒5小匙

制 作

1. 将鲜猪肝洗净，切成片A，加入料酒、精盐、味精拌匀；酸枣仁洗净、打碎B；党参、当归分别洗净。
2. 将党参、当归、酸枣仁放入砂锅中，加入适量清水烧沸，转小火炖煮10分钟。
3. 再放入猪肝片煮至变白，然后加入姜末、葱末续炖约30分钟即可。

参归猪肝汤

TIME/60分钟　口味：鲜咸味

罗汉果煲猪蹄

-原 料-

猪蹄1个/猪尾骨、胡萝卜各100克/罗汉果2个/枸杞子10克/姜块10克/精盐、味精、料酒各2小匙/胡椒粉1大匙

-制 作-

1. 猪蹄刮洗干净A，剁成大块；猪尾骨洗净，剁成大块；罗汉果洗净，拍破；姜块、胡萝卜分别去皮，洗净，均切成块。
2. 瓦煲置火上，放入猪蹄B、猪尾骨、罗汉果、料酒、姜块，加入适量清水烧沸，转小火煲2小时。
3. 再放入胡萝卜、枸杞子煲约40分钟，加入精盐、味精、胡椒粉调味，出锅装碗即可。

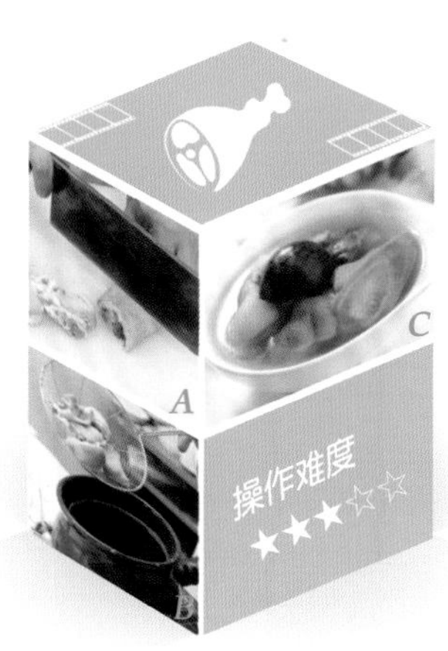

-原 料-

羊肉馅250克／鸭血200克／酸菜100克／鸡蛋1个／粉丝15克／鲜红辣椒5克／葱末、姜末各5克／精盐1/2小匙／料酒2小匙／花椒水2大匙／香油1小匙／植物油1大匙

-制 作-

1. 酸菜洗净，切成丝Ⓐ。鸭血切成小条Ⓑ；粉丝用温水泡软，沥干水分，切成小段；羊肉馅加入葱末、姜末、鸡蛋、料酒、精盐、香油、花椒水Ⓒ拌匀。
2. 净锅置火上，加入植物油烧至六成热，加入葱末、姜末和酸菜丝煸炒出香味，倒入适量清水煮沸。
3. 将羊肉馅挤成丸子，放入锅内煮熟Ⓓ，加入鸭血块、精盐、红辣椒炖煮几分钟，出锅倒在砂煲内，放入发好的粉丝，再置火上加热即可。

酸菜羊肉丸子

TIME／25分钟　口味：鲜咸味

原 料

猪蹄1个/泡酸萝卜250克/香菜段10克/葱段、姜片各5克/精盐、味精、料酒、生抽各2小匙/胡椒粉1/2小匙/香油1小匙

制 作

1. 猪蹄刮洗干净，剁成小块Ⓐ，放入清水锅中煮5分钟Ⓑ，捞出；泡酸萝卜切成块，用开水稍煮，沥水。
2. 锅中加入适量清水烧沸，放入猪蹄块、料酒、葱段、姜片烧沸，撇净浮沫，转小火炖至九分熟。
3. 再放入酸萝卜块，加入精盐、味精、酱油、胡椒粉调好口味，炖至猪蹄熟烂入味，盛入大汤碗中，淋入香油，撒上香菜段即成。

虫草花龙骨汤
TIME / 180分钟

原 料

猪排骨500克/虫草花适量/甜玉米50克/枸杞子10克/芡实20克/大葱15克/姜块10克/精盐2小匙/味精1小匙

制 作

1. 将大葱择洗干净，切成小段；姜块去皮，洗净，切成小片A。
2. 甜玉米切成小段；虫草花洗涤整理干净，切成小块；芡实洗净；枸杞子洗净，用清水浸泡。
3. 猪排骨放入清水中洗净，沥水B，剁成小段，放入烧沸的清水锅内焯烫一下C，捞出沥干。
4. 取电紫砂锅，放入葱段、姜片、猪排骨段、甜玉米、芡实、虫草花，加入精盐、味精及适量清水D。
5. 盖上砂锅盖，按下养生键炖煮至熟香E，即可出锅装碗。

牛肉杂菜汤

TIME / 25分钟 口味：鲜咸味

-原 料——

熟牛肉200克/圆白菜、胡萝卜、葱头、芹菜、土豆各50克/精盐1大匙/味精1小匙/胡椒粉5小匙/牛油1大匙/清汤适量

-制 作——

1. 胡萝卜、土豆分别去皮，洗净，均切成丁；葱头洗净，切碎；圆白菜洗净，切成小块；芹菜择洗干净，切成小段；熟牛肉切成小粒A。
2. 锅置火上，加入牛油烧化，先下入胡萝卜丁、葱头粒煸炒一下B，加入适量清汤烧沸。
3. 放入圆白菜、土豆、芹菜、牛肉粒炖至土豆熟烂，加入精盐、味精、胡椒粉调味，出锅装碗即可。

-原 料

牛肉200克/水发香菇5朵/红辣椒段、香菜段各15克/鸡蛋清1个/八角1粒/葱片、姜片、精盐、味精、淀粉、料酒、米醋、酱油、鲜汤、香油、植物油各适量

-制 作

1. 牛肉洗净，切成小条Ⓐ，加入料酒、鸡蛋清、精盐、淀粉拌匀，再入热油锅中炸至上色Ⓑ，捞出。
2. 锅留底油烧热，下入八角、葱片、姜片炝锅，加入鲜汤、水发香菇、酱油、料酒和米醋煮沸。
3. 放入牛肉条，转小火煮15分钟，再加入辣椒段、精盐、味精调好口味，盛入汤碗中，撒上香菜段，淋入香油即可。

红汤牛肉

TIME / 25分钟　口味：鲜咸味

-原 料-

水发牛蹄筋300克 / 瘦牛肉100克 / 葱花5克 / 精盐1/2小匙 / 味精少许 / 胡椒粉1小匙 / 酱油、料酒各2小匙 / 水淀粉适量 / 米醋、香油各3大匙 / 鸡汤1200克

-制 作-

1. 水发牛蹄筋切成3厘米长、筷子头粗细的丝Ⓐ，放入温水中浸泡。
2. 瘦牛肉洗净，切成小粒Ⓑ，加入胡椒粉、米醋、香油、葱花拌匀，稍腌几分钟。
3. 锅中加入香油烧热，放入牛肉粒煸炒至水分将干，烹入料酒、酱油，添入鸡汤，放入牛蹄筋、精盐、味精炖至软烂，用水淀粉勾芡，出锅装碗即可。

淮杞煲牛尾

原 料

牛尾750克/鲜人参1根/大枣5枚/淮山1片/枸杞子少许/大葱3段/八角1粒/姜3片/精盐1小匙/味精1/2小匙

制 作

1. 将牛尾洗涤整理干净，在骨节处断开Ⓐ，放入清水中浸泡以去除血水Ⓑ，捞出沥水，再放入清水锅中烧沸，焯烫一下Ⓒ，捞出沥干。

2. 砂锅置火上，加入清水、精盐，放入鲜人参、大枣、淮山、枸杞子、葱段、姜片、八角、牛尾烧沸。

3. 撇去表面浮沫，转小火煲至牛尾熟烂（约1.5小时），加入味精调味，出锅装碗即可。

-原 料-

羊肉馅150克/豆泡100克/胡萝卜1根/净菜心70克/香菇50克/香菜2棵/鸡蛋1个/葱末、姜末各10克/葱段、姜片各5克/精盐1/2大匙/胡椒粉1小匙/料酒3小匙/淀粉2小匙/香油少许/植物油适量

-制 作-

1. 胡萝卜洗净，切成末；香菇去蒂，洗净，切成小粒；香菜洗净，切成末。
2. 羊肉馅放入碗中Ⓐ，加入胡萝卜末、香菜末、香菇粒、鸡蛋液搅匀Ⓑ。
3. 再加入葱末、姜末、料酒、胡椒粉、精盐、香油、淀粉拌匀，制成丸子。
4. 锅置火上，加油烧热，下入葱段、姜片炒香，倒入适量清水烧沸Ⓒ。
5. 放入丸子、豆泡煮5分钟Ⓓ，加入胡椒粉、精盐和净菜心Ⓔ，离火出锅，倒入砂锅中煮2分钟，原锅上桌即可。

羊肉香菜丸子

口味：鲜咸味

原 料

羊肉500克/当归30克/姜片15克/羊骨1根/精盐1大匙/味精2小匙/胡椒粉适量/羊肉汤1000克

制 作

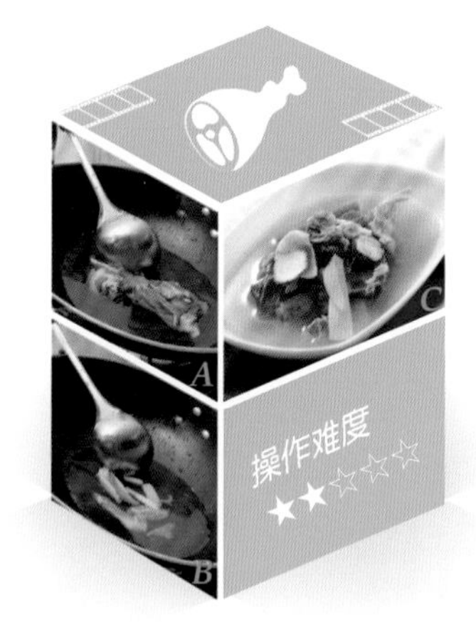

1. 羊骨放沸水锅内焯烫一下A，捞出；当归洗净，切成小片；羊肉剔去筋膜，放入清水锅中烧沸，焯去血水，捞出冲净B，切成5厘米长、2厘米宽的条。

2. 坐锅点火，加入羊肉汤，先下入羊肉、羊骨、当归、姜片用旺火烧沸，撇去浮沫。

3. 再转小火炖至羊肉熟烂，然后加入胡椒粉、精盐、味精调味，即可出锅装碗。

腐竹羊肉煲

-原 料-

羊肉400克 / 腐竹50克 / 油菜心10棵 / 葱花、姜末、干辣椒各5克 / 精盐、味精各2小匙 / 胡椒粉、酱油、香油各1小匙 / 植物油3大匙 / 鲜汤适量

-制 作-

1. 将羊肉洗净，切成块A，放入清水锅中煮熟，捞出；腐竹用温水泡发，洗净，切成小段；油菜心洗净。
2. 锅中加入植物油烧热，先下入干辣椒炸香，再放入羊肉块、葱花、姜末、鲜汤煮沸B。
3. 然后加入酱油、精盐、味精、胡椒粉炖煮25分钟，最后放入腐竹段、油菜心略煮，倒入烧热的煲中，淋入香油即可。

原 料

羊里脊肉400克/大圆茄子1个/洋葱50克/香菜末少许/蒜汁、精盐、胡椒粉各少许/陈醋3大匙/水淀粉适量/香油2小匙/酱油、料酒、植物油各1大匙

制 作

1. 圆茄子削去外皮，切成块Ⓐ；洋葱去皮，洗净，切成末Ⓑ；羊里脊肉洗净，切成大片。
2. 锅内加入植物油烧热，下入洋葱末煸炒至变色Ⓒ，烹入料酒，放入羊肉片炒至软嫩，放入茄子炒匀。
3. 加入开水烧沸，转中火炖30分钟，加入酱油、精盐和胡椒粉调匀Ⓓ，用水淀粉勾芡，出锅盛入大碗中，淋入香油，随带香菜末、蒜汁、陈醋上桌即可。

-原 料

羊后腿肉250克/小菠菜2棵/葱段、姜片各5克/精盐、料酒各1大匙/味精2小匙/香油1小匙/羊肉汤500克/植物油适量

-制 作

1. 将羊后腿肉洗净，沥净水分，剁成羊肉蓉；菠菜择洗干净，切成小段Ⓐ。
2. 锅中加入植物油烧热，下入姜片、葱段略炸一下，加入羊肉汤、精盐、料酒烧沸，然后将羊肉蓉挤成小肉圆，下入锅中煮沸。
3. 最后放入菠菜段Ⓑ稍煮，加入味精调味，淋入香油，出锅装碗即可。

羊杂汤

TIME / 30分钟

口味：鲜咸味

-原 料——

羊心、羊肺、熟羊肚、羊舌、羊腰、羊肝各100克/香菜末25克/葱末、姜末各5克/精盐、味精、胡椒粉、花椒水、酱油各2小匙/羊肉汤1500克

-制 作——

1. 将熟羊肚切成薄片A；羊腰、羊心、羊肺、羊肝、羊舌分别洗涤整理干净，均切成薄片。
2. 锅置火上，加入羊肉汤烧沸，放入羊腰、羊心、羊肺、羊肝、羊舌略煮，再放入羊肚片烧沸。
3. 撇去表面浮沫，加入葱末、姜末、酱油、精盐、花椒水煮至熟嫩B，盛入大碗中，撒上胡椒粉、味精、香菜末即可。

Part 2
鲜嫩蔬菜煮靓汤

奶油番茄汤

TIME / 25分钟

原 料

西红柿150克／洋葱50克／牛奶适量／面包30克／精盐1小匙／味精1/2小匙／番茄酱2大匙／黑胡椒少许／黄油、植物油各适量

制 作

1. 西红柿放入沸水中略烫A，捞出后去皮B，切成小丁C；洋葱洗净，沥干水分，切成小丁；面包切成小丁D。
2. 平锅中加入少许植物油烧热，下入面包丁煎至酥脆E，捞出、沥油。
3. 锅中加入适量植物油烧热，先下入洋葱丁略炒一下。
4. 加入番茄酱、黑胡椒、精盐、味精及适量清水烧沸F，然后放入西红柿丁煮匀。
5. 关火后装入碗中，加入牛奶，放入面包丁、黑胡椒及黄油搅匀即可。

-原 料-

白菜叶200克／虾干10克／葱末10克／精盐1/2小匙／味精少许／牛奶3大匙／高汤1000克／熟猪油1小匙

-制 作-

1. 将白菜叶洗净，沥去水分，切成2厘米宽、4厘米长的条A；虾干去除杂质，放入温水中浸泡30分钟，捞出沥干。

2. 坐锅点火，加入熟猪油烧热，先下入虾干煸炒片刻，再放入葱末炒出香味。

3. 添入高汤，加入白菜叶、精盐、味精烧沸，最后加入牛奶煮沸B，撇去浮沫，盛入大碗中即可。

原 料

白菜500克 / 大虾200克 / 香菜段30克 / 葱段、姜片各5克 / 精盐1/2小匙 / 胡椒粉少许 / 香油1小匙 / 植物油2大匙 / 高汤适量

制 作

1. 大虾去沙袋、沙线，剪去虾枪、虾须和虾腿Ⓐ，洗净；大白菜留菜心，洗净，用刀拍切成劈柴块Ⓑ，放入热锅内煸炒至软，取出。

2. 锅中加入植物油烧热，下入葱段、姜片炒出香味，放入大虾两面略煎，用手勺压出虾脑。

3. 烹入料酒，加入高汤烧沸，放入白菜块，小火炖至菜烂虾熟，撒入胡椒粉、香菜段，淋入香油即可。

-原 料-

小白菜200克／粉丝50克／姜末10克／葱花5克／精盐2小匙／酱油1/2小匙／香油1小匙／植物油1大匙

-制 作-

1. 将小白菜择洗干净，切成小段Ⓐ；粉丝用温水泡软，沥去水分。
2. 锅置火上，加入植物油烧热，下入葱花炒出香味，放入小白菜段、姜末和酱油翻炒均匀Ⓑ。
3. 然后加入适量清水，放入粉丝煮至熟软，最后加入精盐调味，淋入香油，出锅装碗即可。

酸菜白肉汤

TIME / 45分钟　口味：鲜咸味

-原 料-

酸菜150克 / 猪五花肉80克 / 细粉条50克 / 海米10克 / 葱末5克 / 精盐、味精各少许 / 韭花酱、腐乳各2小匙

-制 作-

1. 猪五花肉洗净，入锅煮熟，切成薄片；酸菜洗净，切成细丝A，挤干水分；海米、细粉条泡软。
2. 将煮五花肉的汤汁烧沸，撇去浮沫，再放入五花肉片、酸菜丝、海米煮至酸菜熟透。
3. 然后放入细粉条煮至熟B，加入精盐、味精调味，出锅装碗，撒上葱末，带腐乳、韭花酱上桌即可。

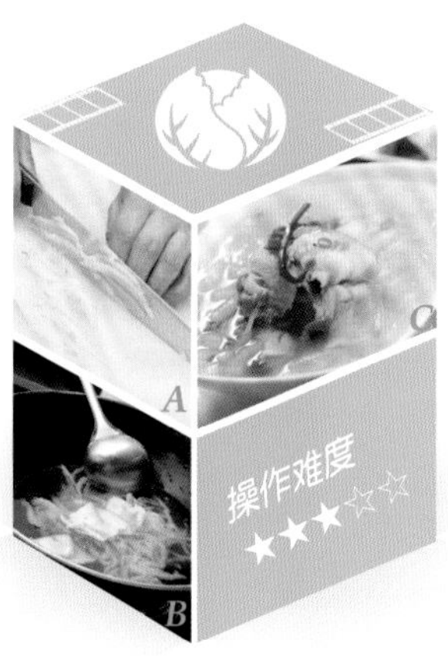

-原 料-

魔芋丝、金针菇、芹菜、干香菇、榨菜末、香菜、花生碎、熟芝麻各适量/葱末、姜末各5克/精盐、酱油各1小匙/豆瓣酱2大匙/米醋4小匙/辣椒油、植物油各1大匙

-制 作-

1. 干香菇放入粉碎机中打成粉，放入碗中，倒入开水搅匀A；芹菜、香菜洗净，切成末B；金针菇去根，洗净。
2. 锅中加入植物油烧热，放入豆瓣酱、葱末、姜末、蒜末炒香C。
3. 放入榨菜末、香菇粉，加入酱油及适量清水烧沸D，加入精盐、魔芋丝烫熟，捞出魔芋丝，放入汤碗内。
4. 放入金针菇煮几分钟，捞出，放在魔芋丝的碗中E，撒上葱末、姜末。
5. 锅中加入米醋、辣椒油、香菜末、芹菜末蒜末调匀，浇在魔芋丝、金针菇碗中，撒上花生碎、熟芝麻即成。

酸辣魔芋丝

口味：酸辣味

原 料

奶白菜400克／猪瘦肉200克／蜜枣30克／精盐适量

制 作

1. 奶白菜去根和老叶，用清水洗净，沥去水分Ⓐ；蜜枣洗净；猪瘦肉洗净，切成厚片Ⓑ，放入沸水锅内汆烫一下，捞出沥水。
2. 净锅置旺火上，加入适量清水烧沸，放入奶白菜汆烫至熟，捞出奶白菜，放在汤碗内。
3. 汤锅内再加入猪肉片、蜜枣，转小火煮10分钟，加入精盐调味，出锅倒在汆烫好的奶白菜上即可。

-原 料-

白菜嫩叶500克／猪脊骨200克／精盐2小匙／味精1小匙／胡椒粉少许／清汤适量

-制 作-

1. 将白菜嫩叶用清水洗净，撕成大块，放入沸水锅中焯烫一下，捞出用冷水过凉，沥去水分。

2. 将猪脊骨砍成大块Ⓐ，放入清水锅中烧沸，焯烫5分钟，捞出冲净，沥去水分。

3. 净锅置火上，加入清汤，放入脊骨块烧沸Ⓑ，转小火煮约1小时，放入白菜叶，加入精盐、味精、胡椒粉煮约5分钟，出锅装碗即成。

原 料

南瓜200克／鲜蚕豆150克／牛奶240克／面粉15克／枸杞子少许／冰糖45克／黄油1大匙

制 作

1. 南瓜去皮及瓤，洗净，切成方块，放入锅中蒸8分钟Ⓐ，取出；鲜蚕豆去皮，洗净，放入清水锅中烧沸Ⓑ，煮约5分钟至熟，关火后加入牛奶调匀Ⓒ。
2. 将奶汁滗出一部分；剩余奶汁和蚕豆放入粉碎机中，加入冰糖粉碎成浆，倒入奶汁中。
3. 锅置火上，加入黄油烧至熔化，放入面粉炒香，倒入蚕豆浆，转大火不停地搅动，出锅倒入大碗中，放入蒸好的南瓜块，撒上枸杞子，上桌即可。

-原 料

菠菜150克/海米25克/精盐2小匙/味精少许/香油1小匙

-制 作

1. 将海米洗净，放入碗中，加入沸水浸泡至软，捞出沥水，泡海米的水留用。
2. 将菠菜择洗干净，切成3厘米长的段Ⓐ，放入沸水锅中焯烫一下，捞出沥水。
3. 锅置火上，加入适量清水和泡海米的水烧沸Ⓑ，再放入菠菜段稍煮，然后加入精盐、味精调好口味，淋入香油，出锅装碗即可。

鸡汁芋头烩豌豆

DVD

TIME / 45分钟

原 料

芋头300克/豌豆粒100克/鸡胸肉50克/鸡蛋1个/葱段、姜片各10克/精盐、胡椒粉各1小匙/料酒2小匙/水淀粉1大匙/植物油2大匙

制 作

1. 鸡胸肉洗净、切块A，放入粉碎机中，加入葱段、姜片、鸡蛋液、料酒、胡椒粉、适量清水打成鸡汁B。
2. 将芋头洗净，入锅蒸30分钟至熟，取出去皮，切成滚刀块C；豌豆粒洗净、沥水。
3. 锅置火上，加入植物油烧热，倒入打好的鸡汁不停地搅炒均匀D。
4. 放入芋头块，加入精盐炖煮5分钟E，然后放入豌豆粒烩至断生。
5. 用水淀粉勾芡，加入胡椒粉，倒入砂煲中，置火上烧沸，原锅上桌即可。

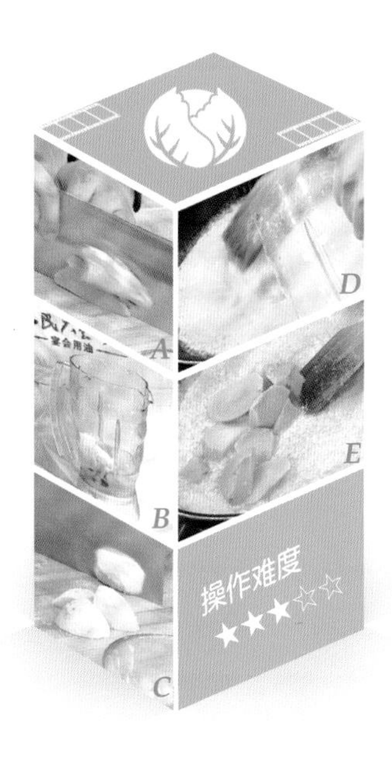

-原 料——

鲜青菜头500克／咸肉75克／葱花少许／老姜适量／精盐、鸡精各1小匙／味精、胡椒粉各1/3小匙／鲜汤1000克／熟猪油4小匙

-制 作——

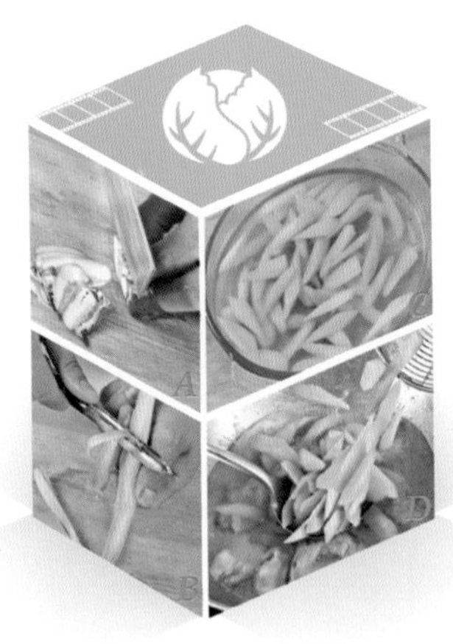

1. 咸肉切成大片Ⓐ，放入清水锅内略焯，捞出；鲜青菜头去皮Ⓑ，洗净，切成块，加上少许精盐拌匀Ⓒ。

2. 锅置火上，加入熟猪油烧热，下入老姜煸炒出香味。注入鲜汤，放入咸肉片和青菜头块烧沸Ⓓ。

3. 撇去浮沫，加入精盐、胡椒粉、味精、鸡精调好口味，再转小火煮至青菜头熟而入味，出锅装碗，撒上葱花即成。

原料

菠菜350克/猪肝150克/姜丝少许/大葱1根/精盐适量

制作

1. 将猪肝去掉白色筋膜，洗净，切成片；菠菜洗净，从中间横切一刀A；大葱去根、去老叶，洗净，切成段。
2. 净锅置火上，加入适量清水煮沸，先下入猪肝片稍沸，撇去表面浮沫。
3. 放入菠菜段B、姜丝、葱段煮沸，然后加入精盐调好口味，出锅装碗即成。

土豆菠菜汤

-原 料-

土豆1个／菠菜3棵／葱花、姜块各10克／精盐、味精各1/2小匙／植物油3大匙／鲜汤适量

-制 作-

1. 将土豆削去外皮，用淡盐水浸泡并洗净，沥净水分，切成细丝Ⓐ；菠菜择洗干净，放入开水锅中焯一下，捞出，切成段；姜块拍破。

2. 净锅置火上，加入鲜汤，放入土豆丝、姜块、植物油稍煮几分钟Ⓑ。

3. 再放入菠菜段，加入味精、精盐煮至入味，撒入葱花，出锅装碗即可。

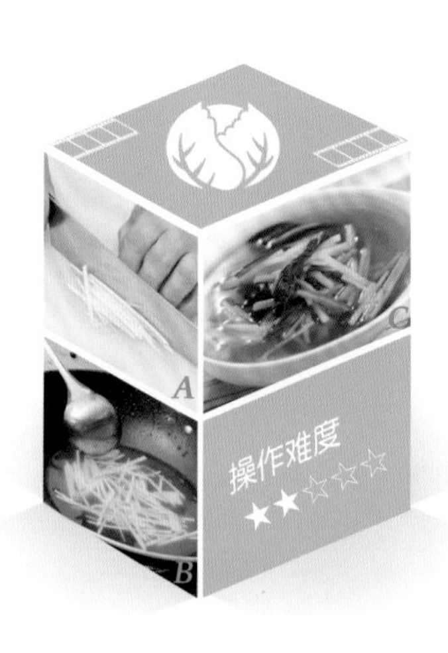

-原 料-

土豆2个／嫩芹菜叶150克／葱花、姜末各10克／精盐、味精、鸡精各1小匙／香油1/2小匙／高汤适量／植物油1大匙

-制 作-

1. 将芹菜叶择洗干净；土豆去皮，放入清水中洗净，沥干水分，切成小条A。
2. 锅中加入植物油烧至七成热，先下入葱花、姜末炒香，再放入土豆条、芹菜叶略炒一下B。
3. 然后添入高汤煮至土豆条熟软，最后加入精盐、味精、鸡精调味，淋入香油，即可出锅装碗。

原 料

鲜猪肝200克/丝瓜100克/绿豆、胡萝卜、香菜各少许/鸡蛋清1个/葱末、姜末、蒜末各5克/精盐、味精、胡椒粉、淀粉、料酒、香油、植物油各少许

制 作

1. 鲜猪肝切成小片Ⓐ，加入淀粉、料酒、胡椒粉、鸡蛋清搅匀上浆Ⓑ；绿豆放入碗中，加入清水浸泡至软。
2. 丝瓜去皮，洗净，切成菱形片；胡萝卜洗净，切成菱形片Ⓒ；香菜切成段。
3. 锅置火上，加入植物油烧热，下入葱末、姜末、蒜末炒香，再放入丝瓜片、胡萝卜片煸炒。
4. 放入绿豆，加入清水烧沸Ⓓ，放入猪肝片煮熟，加入精盐、味精调味，淋入香油，撒上香菜段，出锅即可Ⓔ。

丝瓜绿豆猪肝汤

口味：鲜咸味 ↖

原 料

土豆150克/海带、洋葱各50克/水发海米10克/精盐、味精、高汤、植物油各适量

制 作

1. 海带浸泡并洗净，切成细丝A，放入沸水锅内煮3分钟，捞出沥水；洋葱去根，洗净，切成碎粒B。
2. 土豆削去外皮，切成细丝，放入盆中，加入适量清水和少许精盐浸泡片刻C，捞出沥水。
3. 锅中加入植物油烧热，下入洋葱末炒香，添入高汤和海米烧沸，放入土豆丝和海带丝稍煮片刻D，加入精盐、味精煮至入味，出锅装碗即成。

-原 料-

白萝卜250克 / 海米50克 / 葱花10克 / 精盐2小匙 / 味精少许 / 高汤适量 / 熟猪油1大匙

-制 作-

1. 将白萝卜去皮，洗净，切成细丝Ⓐ，放入沸水锅中煮开Ⓑ，捞出沥净；海米用温水洗净，沥去水分。
2. 锅置火上，加入熟猪油烧至七成热，放入葱花、萝卜丝、海米煸炒一下。
3. 加入高汤烧沸，然后加入精盐煮5分钟，调入味精，出锅盛入碗中即可。

-原 料-

培根、洋葱、青椒条、红椒条、西芹段、金针蘑、蘑菇条、西蓝花、南瓜片、菠菜段、魔芋丝各适量/精盐3小匙/面粉2小匙/黄油适量/牛奶200克

-制 作-

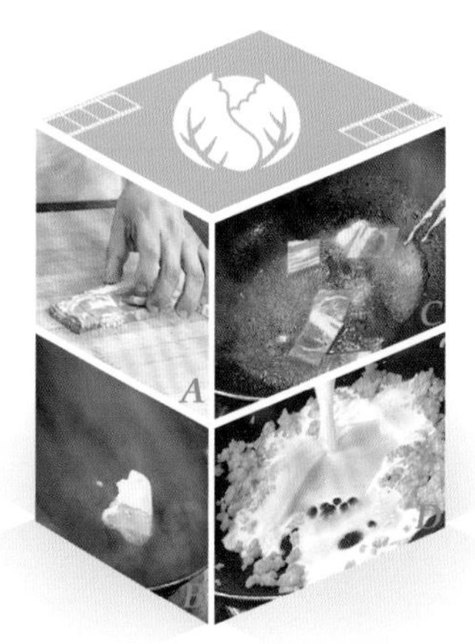

1. 将培根切成小方片A；洋葱去皮，洗净，切成末；锅置火上，加入黄油烧化B，放入培根片煸炒出香味C，取出。
2. 锅中放入洋葱末炒香，再加入面粉炒干，然后倒入牛奶烧沸D。
3. 加入精盐、味精调好口味，倒入砂锅中，放入炒好的培根片，随带各种蔬菜上桌涮食即可。

奶油时蔬火锅

TIME / 25分钟 口味：鲜咸味

-原 料

心里美萝卜、象牙白萝卜各1个/葱花、姜丝各5克/精盐、味精各2小匙/香油1小匙/牛奶4小匙/清汤适量

-制 作

1. 将心里美萝卜削去外皮，洗净，切成细丝A；象牙白萝卜削去外皮，洗净，切成细丝。
2. 锅置火上，加入适量清水烧沸，再放入心里美萝卜丝、白萝卜丝B、姜丝煮至软嫩。
3. 然后加入牛奶、清汤、精盐、味精调好口味，撒入葱花，淋入香油，出锅装碗即可。

鸡汁土豆泥

TIME / 25分钟

-原 料

土豆400克/鸡胸肉100克/青豆、西蓝花、枸杞子各少许/葱段、姜片各5克/精盐、味精、白糖各少许/胡椒粉1/2小匙/白葡萄酒、牛奶各适量/水淀粉2小匙

-制 作

1. 西蓝花放入沸水锅内焯烫一下，捞出、过凉；土豆洗净，放入清水锅内煮熟，取出土豆晾凉，剥去外皮A。
2. 熟土豆压成泥B，加入精盐、味精、牛奶拌匀，用平铲把土豆泥抹平，点缀上焯熟的西蓝花。
3. 把葱段、姜片、鸡胸肉放入搅拌机中，加入清水、胡椒粉、白葡萄酒、白糖、精盐和味精。
4. 用中速打碎成鸡汁C，取出，放入烧热的锅内煮沸D，撇去浮沫和杂质。
5. 加入青豆和枸杞子，用水淀粉勾芡，出锅成鸡汁，浇在土豆泥上E即可。

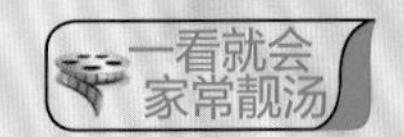

-原 料—

白萝卜、牛腩肉各250克 / 河虾200克 / 胡萝卜150克 / 葱段、姜片各20克 / 八角2粒 / 香叶3片 / 精盐、味精、鸡精各1小匙 / 香油1/2小匙

-制 作—

1. 将牛腩肉洗净，切成小块；白萝卜、胡萝卜分别去皮，洗净，切成菱形块Ⓐ，再放入沸水锅中焯烫一下，捞出沥干；河虾去壳，挑除沙线，洗净Ⓑ。
2. 锅中加入适量清水烧沸，放入牛腩肉块煮沸，再加入葱段、姜片、八角、香叶，转小火煮至断生。
3. 然后放入白萝卜块、胡萝卜块、河虾，加入精盐、味精、鸡精续煮10分钟，淋入香油，出锅装碗即可。

-原 料——

冬瓜250克／鸡胸肉100克／猪肥膘肉、香菜末各25克／鸡蛋清1个／精盐、味精各1大匙／胡椒粉1小匙／葱姜汁2大匙／水淀粉2小匙／香油少许

-制 作——

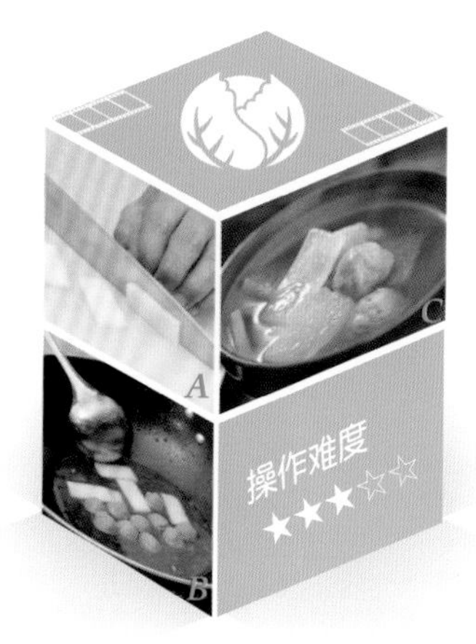

1. 冬瓜去皮，切成骨牌片A，用沸水焯一下，捞出；鸡胸肉、猪肥膘肉先切小粒，再一起剁成蓉泥。
2. 放入盆中，加入精盐、味精、葱姜汁、鸡蛋清和水淀粉，顺一个方向搅拌上劲，挤成小丸子。
3. 锅中加入适量清水，放入冬瓜片炖至八分熟，下入小丸子烧沸B，撇去浮沫，再加入精盐、味精、胡椒粉调味，盛入碗中，淋入香油，撒上香菜末即成。

-原 料-

冬瓜250克／虾干25克／豌豆苗10克／葱段、姜片各10克／精盐1小匙／味精、鸡精、料酒各2小匙／植物油4大匙

-制 作-

1. 冬瓜去皮及瓤，洗净，切成长方块Ⓐ，用沸水焯一下，捞出；虾干用沸水焯烫2遍Ⓑ，捞出；豌豆苗洗净。

2. 锅置火上，加入植物油烧至六成热，先下入葱段、姜片炒香，烹入料酒，加入适量清水。

3. 放入虾干和冬瓜块煮沸，转小火炖至九分熟，然后加入精盐、味精、鸡精调味，倒入砂锅中，置小火上炖10分钟，撒入豌豆苗，上桌即可。

-原 料-

冬瓜250克 / 虾仁、鲜贝、芥蓝片各50克 / 精盐、香油各1/2小匙 / 鸡精、胡椒粉各少许 / 水淀粉2大匙 / 高汤650克

-制 作-

1. 冬瓜去皮及瓤，洗净，切成小块Ⓐ，放入榨汁机中打成蓉状，然后放入蒸锅中蒸熟，取出。
2. 虾仁去沙线，洗净，切成小丁；鲜贝洗净，与芥蓝片一起放入沸水锅中焯透，捞出沥水。
3. 锅置火上，加入高汤烧沸，下入冬瓜蓉、虾仁、鲜贝、芥蓝片略煮Ⓑ，加入精盐、鸡精调好口味，用水淀粉勾薄芡，撒入胡椒粉，淋入香油，出锅装碗即可。

-原 料-

南瓜200克/细豆沙150克/净枸杞子、芝麻各少许/冰糖5小匙/糖桂花1大匙/水淀粉适量/牛奶500克

-制 作-

1. 南瓜切成大块，去掉瓜瓤，洗净，放入蒸锅中蒸至软嫩，取出、晾凉，放入搅拌器中，加入牛奶打成泥A。
2. 细豆沙放入搅拌器中，加入糖桂花和少许清水打成蓉泥B，倒入碗中。
3. 锅内倒入豆沙泥烧沸，加入冰糖煮至溶化，水淀粉勾芡，倒入碗中C。
4. 锅置火上，倒入南瓜泥烧煮至沸D，用水淀粉勾芡，倒入容器中。
5. 把南瓜羹、豆沙羹分别倒入S形容器内E，南瓜羹上撒入枸杞子，豆沙羹上撒上芝麻，取出纸杯即可。

双色如意鸳鸯羹

口味：香甜味

原料

茄子150克/文哈100克/姜丝10克/干红椒1个/精盐、味精各1小匙/白糖少许/料酒、香油各1/2小匙/植物油4小匙/清汤适量

制作

1. 将茄子去蒂、去皮，洗净，切成圆块A；文蛤放入淡盐水中浸泡，洗净，捞出；干红椒泡软，切成小段。
2. 锅置火上，加入植物油烧热，先下入姜丝炒香B，再放入文蛤，烹入料酒翻炒片刻。
3. 然后加入清汤，放入茄子块煮约8分钟，最后加入精盐、味精、白糖、干红椒段煮约3分钟，淋入香油，出锅倒入汤锅中即成。

丝瓜粉丝汤

TIME / 15分钟　口味：鲜咸味

-原 料-

丝瓜250克 / 粉丝1小把（约25克）/ 葱段10克 / 精盐1/2小匙 / 味精少许 / 胡椒粉5小匙 / 植物油4小匙

-制 作-

1. 将丝瓜切去蒂，轻轻刮去少许外皮，洗净，切成滚刀块A；粉丝用温水泡软。
2. 锅置火上，加入植物油烧热，先下入葱段爆香，再放入丝瓜块炒拌均匀B。
3. 加入适量的清水烧煮几分钟，最后放入泡好的粉丝稍煮1分钟，加入精盐、味精、胡椒粉调好口味，出锅装碗即成。

-原 料—

青椒、红椒各1个/猪瘦肉150克/精盐2小匙/味精1小匙/水淀粉2大匙/酱油1大匙

-制 作—

1. 将猪瘦肉洗净，切成薄片Ⓐ，加入酱油、味精、水淀粉拌匀，腌约10分钟。
2. 青椒、红椒分别去蒂、去籽，用清水洗净，均切成坡刀片。
3. 净锅置火上，加入适量清水烧沸，先放入青椒片、红椒片、猪肉片煮至熟嫩Ⓑ，再加入精盐、味精调好口味，出锅装碗即可。

-原 料

胡萝卜500克/西红柿1个/香草、精盐、胡椒粉各适量/奶油2大匙/柳橙汁125克

-制 作

1. 将胡萝卜去皮，洗净，切成大片Ⓐ；西红柿去蒂，洗净，切成小块。

2. 锅置火上，加入奶油、适量清水，放入胡萝卜片，用中火熬煮（需勤搅拌）约10分钟Ⓑ。

3. 再放入西红柿块，加入柳橙汁煮至沸，然后加入香草、精盐、胡椒粉调味，转小火煮约20分钟至胡萝卜软烂，出锅装碗即可。

榨菜鸡蛋汤

TIME / 15分钟

口味：鲜咸味

原料

榨菜75克 / 鸡蛋2个 / 大葱10克 / 精盐1小匙 / 味精1/2小匙 / 高汤500克 / 植物油4小匙

制作

1. 将榨菜去根，削去外皮，用清水浸泡并洗净，沥净水分，切成细丝A；鸡蛋磕入大碗中搅匀成鸡蛋液；大葱洗净，切成细丝。
2. 坐锅点火，加入植物油烧至六成热，放入榨菜丝略炒一下B，再加入高汤煮沸。
3. 然后加入葱丝、精盐、味精调好口味，慢慢淋入鸡蛋液煮沸，出锅装碗即可。

Part 3

软滑禽蛋出美味

参须枸杞炖老鸡

TIME / 60分钟

原 料

净老母鸡1只（约1000克）/人参须15克/枸杞子10克/葱段25克/姜块15克/精盐2小匙/料酒1大匙

制 作

1. 人参须、枸杞子分别洗净，沥水；葱段洗净，切丝Ⓐ；姜块去皮，切片Ⓑ。
2. 老母鸡洗净，剁去爪尖，把鸡腿别入鸡腹中Ⓒ，放入清水锅内焯烫一下，捞出、沥水。
3. 砂锅置火上，加入适量清水烧沸，放入老母鸡Ⓓ，加入葱丝、姜片、料酒。
4. 再加入洗好的人参须和枸杞子，用旺火烧沸，撇去浮沫，盖上砂锅盖。
5. 转小火炖约40分钟至母鸡肉熟烂并出香味，加入精盐调好汤汁口味Ⓔ，离火，原锅直接上桌即可。

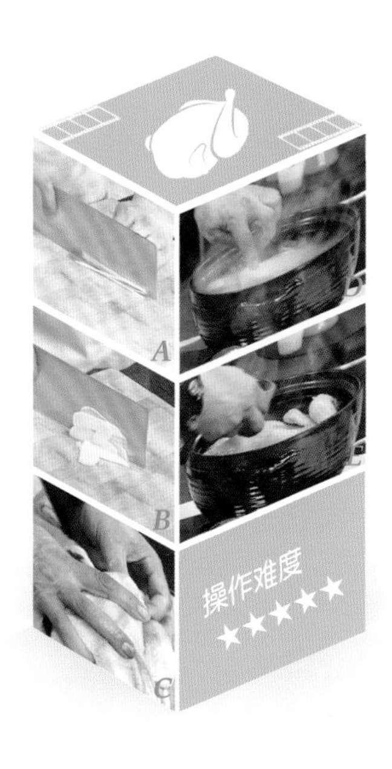

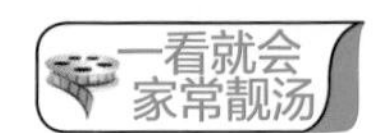

-原 料

肥母鸡肉1250克／猪肉500克／熟地、当归、党参、茯苓、炒白术、白芍、川芎、炙甘草各少许／葱段、姜片各10克／精盐1大匙／味精1小匙／肉汤适量

-制 作

1. 猪肉、肥母鸡肉洗净，剁成小块；把熟地、当归、党参、茯苓、炒白术、白芍、川芎、炙甘草用纱布包裹好成料包Ⓐ。
2. 锅中加入肉汤、适量清水，放入猪肉块、鸡肉块、料包烧沸Ⓑ，下入葱段、姜片。
3. 转小火炖约2小时至熟烂，拣出料包、姜片、葱段不用，再加入精盐、味精调味，即可出锅装碗。

-原 料-

净仔鸡1只（约1000克）/干香菇10朵/干贝5个/姜2片/精盐、味精、火腿汁各1大匙/料酒2大匙/鲜奶、鸡汤各适量

-制 作-

1. 净仔鸡洗涤整理干净Ⓐ，放入清水锅中烧沸，焯烫5分钟Ⓑ，捞出，用清水洗净；干香菇用清水泡透，去蒂、洗净；干贝泡透、洗净。
2. 将仔鸡腹部朝上放入汤碗中，再放上干贝、香菇，加入鸡汤、火腿汁、味精、精盐、料酒、姜片。
3. 上笼蒸约2小时，拣去姜片，然后加入鲜奶续蒸15分钟，取出上桌即成。

-原 料——

仔鸡1只（约1500克）/板栗20个/精盐、味精、酱油、植物油各1大匙/料酒5小匙

-制 作——

1. 仔鸡宰杀，去毛、除内脏，剁去头、爪Ⓐ，洗净，切成长方块Ⓑ，放入大碗中，加入酱油、料酒、精盐拌匀；板栗洗净，放入清水锅中煮熟，捞出去壳。

2. 锅置火上，加入植物油烧至七成热，放入鸡块炸至浅黄色Ⓒ，捞出沥油。

3. 锅中留底油烧热，放入板栗、鸡块，加入酱油煸炒，再加入适量清水煮沸，转小火炖至熟烂，然后加入精盐、味精调味，出锅装碗即成。

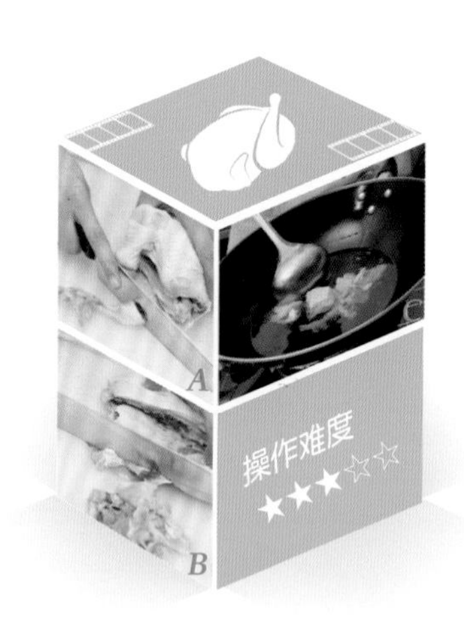

原 料

母鸡1只(约1500克)/莲子10粒/党参30克/当归15克/葱段15克/姜片10克/精盐2小匙/味精1小匙/料酒2大匙

制 作

1. 把母鸡宰杀，去毛、去内脏Ⓐ，用清水洗涤整理干净，沥干水分；莲子洗净。
2. 当归、党参、葱段、姜片塞入鸡腹内Ⓑ，再将母鸡放入砂锅中，加入适量清水、料酒，撇入莲子。
3. 砂锅置旺火上烧沸，撇去汤汁表面浮沫，转小火炖至鸡肉熟烂，再加入精盐、味精炖至入味，即可关火上桌。

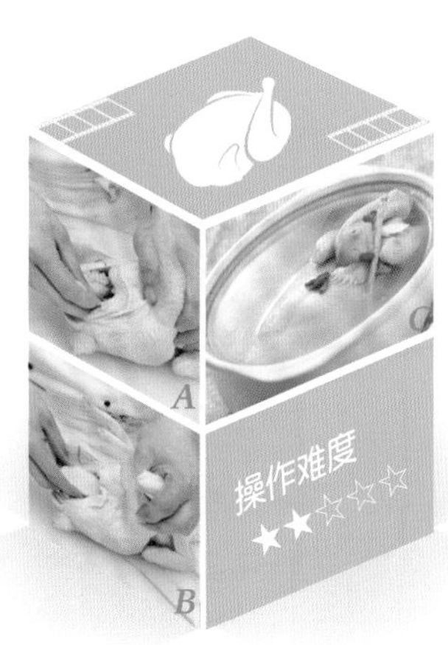

-原 料-

仔鸡1只/荷兰豆70克/胡萝卜、土豆各50克/红椒30克/洋葱25克/柠檬皮少许/面粉15克/精盐2小匙/味精1小匙/咖喱酱5大匙/椰子汁、植物油各适量

-制 作-

1. 仔鸡洗涤整理干净，剁成块，放入沸水锅里煮20分钟至断生A，关火。
2. 红椒洗净，切成滚刀块；胡萝卜去皮，切成块B；柠檬皮洗净，切成细丝。
3. 土豆去皮，洗净，切成小块C；荷兰豆择洗干净；洋葱洗净，切成丝D。
4. 锅中加入植物油烧热，先放入面粉炒出香味。再放入胡萝卜块、土豆块、洋葱丝、柠檬丝略炒一下E。
5. 加入咖喱酱、椰子汁，放入煮好的鸡块炖约10分钟，再放入红椒块，加入精盐、味精煮匀，即可出锅装盘。

椰香咖喱鸡

口味：咖喱味

原 料

土鸡半只/牛蒡1根/红枣8枚/枸杞子20粒/姜块10克/精盐1小匙

制 作

1. 将土鸡洗净，剁成块，放入清水锅中烧沸，焯烫出血水，捞出冲净，沥去水分。

2. 牛蒡去皮，洗净，切成滚刀块A，放入清水中浸泡；姜块去皮、洗净，切成片；红枣去核、洗净。

3. 砂锅置火上，放入鸡块，加入清水煮沸B，放入姜片、牛蒡块、红枣和枸杞子，盖上锅盖，中小火煲约2小时，加入精盐调味，上桌即可。

-原 料-

鸡胸肉200克 / 鲜豌豆100克 / 红樱桃2个 / 鸡蛋清适量 / 精盐、味精、料酒、水淀粉、鲜汤、植物油各适量

-制 作-

1. 鲜豌豆放入沸水中焯烫一下Ⓐ，捞出、浸凉；鸡胸肉切成丝Ⓑ，加入鸡蛋清、少许精盐和水淀粉拌匀，放入热油锅中滑散至变色Ⓒ，捞出沥油。

2. 锅中留底油烧热，下入葱丝、姜丝炒出香味，烹入料酒，倒入鲜汤烧沸，放入鸡肉丝、豌豆粒煮沸。

3. 加入精盐、味精调好口味，用水淀粉勾薄芡Ⓓ，出锅盛入碗中，放上红樱桃点缀即可。

原 料

鸡腿肉250克／青柿子椒、红柿子椒、甜玉米粒、核桃仁、鸡蛋各适量／精盐1小匙／白糖2小匙／黄油1大匙／牛奶250克／淀粉、面粉、水淀粉各适量／味精少许／植物油适量

制 作

1. 鸡腿肉切成小块A，加入少许精盐、鸡蛋、面粉拌匀B，放入油锅内炸至熟透，捞出沥油；青红柿子椒洗净，切成丁；甜玉米粒洗净。
2. 净锅复置火上烧热，加上少许黄油炒至熔化，放入面粉炒出香味，倒入牛奶煮沸C。
3. 加入精盐、白糖、味精、甜玉米粒和青柿子椒、红柿子椒丁熬至浓稠D，倒在鸡块上，撒上核桃仁即可。

原 料

鸡胸肉200克／鲜香菇4个／香菜15克／干海带5克／姜汁、辣椒碎各15克／精盐1小匙／水淀粉3大匙／大酱4大匙

制 作

1. 鸡胸肉剁成蓉Ⓐ，加入水淀粉、姜汁、精盐调匀成糊状；香菜择洗干净，切成3厘米长的段。

2. 鲜香菇去根，洗净，每个切成4瓣；干海带用清水泡软，洗净泥沙，用剪子剪成佛手形。

3. 锅置火上，加入清水，放入佛手形海带煮沸，把鸡肉糊挤成丸子，放入锅中煮熟Ⓑ，加入大酱、香菇、香菜段煮约2分钟，撒入辣椒碎，出锅装碗即可。

鸡火煮干丝

DVD

TIME / 60分钟

-原料

鸡腿1个/豆腐干50克/火腿丝、冬笋各25克/水发香菇15克/净油菜、虾仁各少许/葱段、姜块各10克/精盐、料酒各适量

-制作

1. 鸡腿剁成大块A，放入压力锅内，加入葱段、姜块、火腿丝及清水，上火压15分钟，捞出鸡块，放在容器内B。
2. 冬笋、水发香菇洗净，切成细丝C；豆腐干切成细丝D，放入清水中浸泡。
3. 将熬煮好的鸡汤放入锅内烧沸，放入料酒、精盐，再放入干丝煮约1分钟，捞出干丝，盛放在鸡块上。
4. 原锅内放入冬笋丝、香菇丝和净油菜稍煮片刻E，捞出后放在干丝上。
5. 将虾仁放入汤锅内煮熟，取出，放在干丝盘中，撒上火腿丝，浇入汤汁即可。

凤爪胡萝卜汤

TIME / 90分钟　口味：鲜咸味

原料

鸡爪（凤爪）400只／猪排骨200克／胡萝卜50克／红枣6枚／精盐、味精各1大匙

制作

1. 将鸡爪洗净，剁去爪尖，撕去老皮；猪排骨洗净，剁成大块，同鸡爪一起放入清水锅中烧沸，焯烫一下，捞出、冲净；胡萝卜去皮，洗净，切成小块A。
2. 锅置火上，加入适量清水，放入鸡爪、胡萝卜块、猪排骨、红枣B，用旺火煮沸。
3. 再转小火煮至鸡爪、排骨熟烂，然后加入精盐、味精调味，即可出锅装碗。

-原 料——

鸡爪（凤爪）5个／党参100克／花生25克／姜块10克／精盐4小匙／味精1大匙／白糖1小匙

-制 作——

1. 将鸡爪洗净，切去爪尖Ⓐ，放入清水锅内焯烫一下，捞出、沥水；姜块去皮、洗净，切成片；花生洗净、沥水；党参洗净，切成小段。
2. 瓦煲中加入适量清水，放入鸡爪、花生、姜片、党参段，置旺火上煮沸。
3. 转小火煲约40分钟至凤爪熟烂Ⓑ，再加入精盐、味精、白糖调味，煲约5分钟，装碗上桌即可。

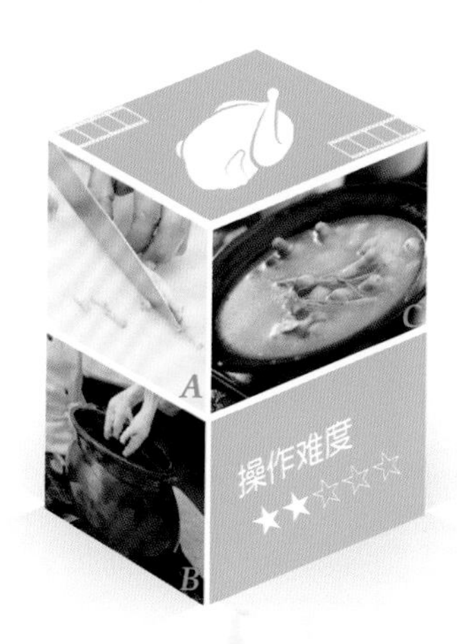

西洋菜煲鸡腰

原 料

鸡腰200克／西洋菜30克／红枣5枚／姜块10克／精盐、味精各1大匙／白糖1/2大匙／胡椒粉少许／料酒、熟猪油各2小匙

制 作

1. 西洋菜去根，洗净Ⓐ；鸡腰用清水反复冲洗，再用沸水略焯，捞出沥干；红枣泡软、去掉枣核；姜块去皮，洗净，切成小片。

2. 砂锅置火上，加上熟猪油烧热，先放入姜片、鸡腰、料酒略炒片刻Ⓑ，再添入适量清水煮沸。

3. 加入红枣，小火煲30分钟，放入西洋菜，加入精盐、味精、白糖、胡椒粉，转中火续煮10分钟即成。

-原 料-

净乌鸡1只（约700克）/水发腐竹200克/白果150克/葱结20克/姜片3片/精盐1大匙/味精、料酒各4小匙/鸡精1大匙/胡椒粉2大匙

-制 作-

1. 净乌鸡剁成骨牌块Ⓐ，放入清水锅中烧沸，煮约8分钟，捞出、洗净；白果去壳、去心；水发腐竹切成3厘米长的段Ⓑ，入锅焯透，捞出过凉，挤干水分。

2. 锅中加入适量清水，放入乌鸡块、白果和腐竹段烧沸，再加入精盐、味精、鸡精和胡椒粉。

3. 倒入汤盆中，用双层牛皮纸封口，上笼用中火蒸约2小时至鸡块软烂，取出，揭纸上桌即可。

-原 料-

鸭血豆腐、北豆腐各200克/文蛤150克/韭菜50克/鸡蛋1个/姜块10克/精盐、味精、胡椒粉、白醋、水淀粉、植物油各适量

-制 作-

1. 文蛤放入淡盐水中浸泡1小时，捞出、冲净，沥干水分；姜块去皮，洗净，切成细丝。
2. 鸭血豆腐、北豆腐均切成小条Ⓐ；韭菜洗净，切成细末；鸡蛋磕入碗中，加入少许清水搅打均匀。
3. 锅中加入适量清水烧沸，放入北豆腐、鸭血豆腐焯透Ⓑ，捞出、沥干。
4. 锅中加油烧成热，下入姜丝炒香，加入精盐、味精及清水烧沸Ⓒ，用水淀粉勾芡，再倒入鸡蛋液后搅匀Ⓓ。
5. 放入文蛤、豆腐、鸭血，加入胡椒粉、白醋烧沸Ⓔ，撒上韭菜末，淋入香油，即可出锅装碗。

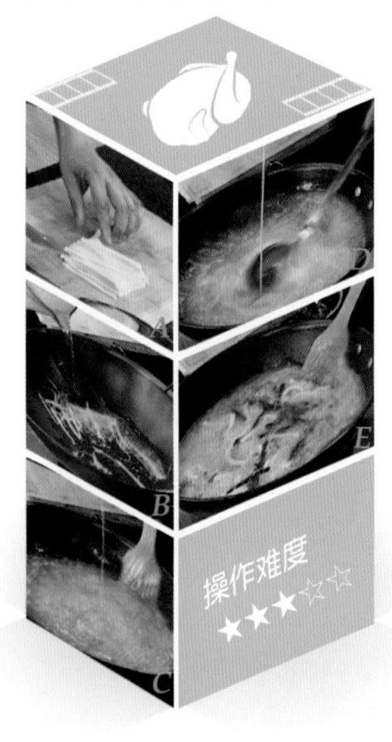

韭菜鸭红凤尾汤

口味：酸辣味

原料

乌鸡1只（约750克）/牛肝菌50克/葱段、姜片各50克/精盐1大匙/味精、胡椒粉各2小匙/料酒1小匙

制作

1. 将乌鸡宰杀，去毛、除内脏，剁去脚爪，洗净Ⓐ，再放入清水锅中焯去血水Ⓑ，捞出洗净，剁成块Ⓒ；牛肝菌用淡盐水浸泡并洗净，切成大片。
2. 锅置火上，加入适量清水、料酒、精盐、葱段、姜片、胡椒粉，放入牛肝菌、乌鸡块烧沸。
3. 转小火炖至乌鸡块熟烂，拣出葱段、姜片，加入味精，盛入汤碗中即成。

原 料

冻豆腐250克/丝瓜100克/松花蛋50克/蚬子尖30克/精盐、味精、白糖、米醋、植物油各适量

制 作

1. 丝瓜洗净，去皮，切成滚刀块A，放入碗中，加入少许清水、米醋浸泡一下；松花蛋去壳，切成小块；
2. 冻豆腐解冻，切成大块，攥干水分B，放入碗中，磕入鸡蛋抓匀C。
3. 蚬子尖洗净，放入碗中，加入水淀粉拌匀D，用清水洗净、沥水。
4. 锅中加入植物油烧热，放入冻豆腐块略煎E，放入姜丝炒出香味，转中火，放入丝瓜块炒至变色。
5. 加入清水，放入松花蛋块、蚬子尖煮至沸F，加入精盐、白糖调好口味，离火出锅即可。

桂花鸭煲

TIME / 90分钟　口味：鲜咸味

原料

净肥鸭1只（约1500克）/毛芋头3个/桂花1克/精盐1小匙/味精1大匙/料酒3大匙

制作

1. 净肥鸭洗净，在翅膀下开口，取出内脏，剁成大块Ⓐ，放入沸水锅内焯烫5分钟，捞出；毛芋头去皮，洗净，放入清水锅中煮3分钟，捞出、过凉。

2. 砂锅置火上，加入适量清水，放入鸭块烧沸，撇去浮沫，转小火炖至八分熟Ⓑ。

3. 放入毛芋头煮30分钟至熟烂，加入精盐、料酒、味精、桂花，用旺火烧沸，出锅装碗即成。

-原 料-

鸭舌200克／水发海带50克／精盐1小匙／白糖1/2小匙／料酒4小匙／香油少许／鸭清汤适量

-制 作-

1. 将鸭舌洗净，放入清水锅中煮至熟A，捞出、晾凉，抽去舌中软骨B，再入锅焯烫一下，捞出、冲净；水发海带洗净，切成细丝。
2. 锅中放入鸭舌，加入鸭清汤、精盐、白糖、料酒烧沸，煮5分钟至入味，捞出、沥水。
3. 放入海带丝煮沸，捞出，放入汤碗中垫底，然后放上鸭舌，倒入烧沸的鸭汤，淋入香油即可。

海带鸭舌汤

TIME / 40分钟　口味：鲜咸味

虫草炖乳鸽

TIME / 150分钟　口味：鲜咸味

-原 料——

乳鸽2只／冬虫夏草少许／葱段、姜片各10克／精盐、胡椒粉各4小匙／味精1大匙／鸡精、料酒各2小匙

-制 作——

1. 乳鸽宰杀，洗涤整理干净Ⓐ，放入清水锅中烧沸，煮约5分钟Ⓑ，捞出冲净，控干水分。

2. 用钢钎在乳鸽表面扎若干个小洞，每个洞内插入一段冬虫夏草，再把葱段、姜片放入乳鸽腹内。

3. 乳鸽腹部朝上放入汤碗中，加入精盐、味精、鸡精、料酒、胡椒粉和适量清水，用双层绵纸封好碗口，上笼用中火隔水炖2小时至熟烂，取出去绵纸，上桌即成。

竹荪炖乳鸽

TIME / 90分钟　口味：鲜咸味

-原 料-

净乳鸽1只／竹荪1根／枸杞子5粒／水发口蘑5朵／葱段、姜片、精盐、味精、料酒、香油各适量／熟猪油2大匙

-制 作-

1. 将乳鸽洗净，剁成小块A，放入清水锅中烧沸、焯烫几分钟，捞出、沥干；竹荪用温水浸泡至发涨，切成小片B；枸杞子洗净。

2. 乳鸽块、竹荪片、枸杞子、水发口蘑、葱段、姜片放入砂锅中C，加入适量清水、料酒烧沸。

3. 转小火炖至鸽肉软烂，加入熟猪油、精盐、味精炖约20分钟，拣出葱、姜，淋入香油，装碗上桌即成。

-原 料-

北豆腐250克/猪肉馅、酸豆角各100克/鸡蛋2个/葱末、姜末各20克/青蒜末15克/精盐2小匙/白糖1/2小匙/酱油1/2大匙/豆瓣酱2大匙/香油4小匙/植物油3大匙

-制 作-

1. 酸豆角洗净，切成小粒A；北豆腐放入容器中抓碎B，加入葱末、姜末、鸡蛋液、精盐、味精、1小匙香油拌匀。
2. 锅中加入植物油烧热，放入豆腐搅炒均匀C，倒入砂锅中，加入适量清水煮沸。
3. 净锅置火上，加入少许植物油烧热，下入猪肉馅煸炒至水分收干D。
4. 放入葱末、姜末、豆瓣酱、酸豆角粒炒均匀E，然后加入酱油、少许精盐、白糖调味，淋入香油，调入味精。
5. 关火后撒上青蒜末拌匀，盛在炖好的豆腐上，原锅上桌即可。

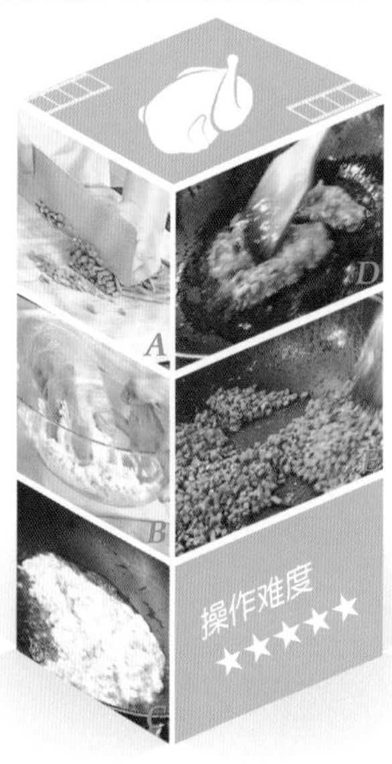

鸡刨豆腐酸豆角

口味：鲜咸味

原 料

鹌鹑2只／水发海带150克／葱段、姜片各10克／精盐、鸡精各1/2小匙／香油1小匙／料酒、植物油各1大匙／鸡汤1000克

制 作

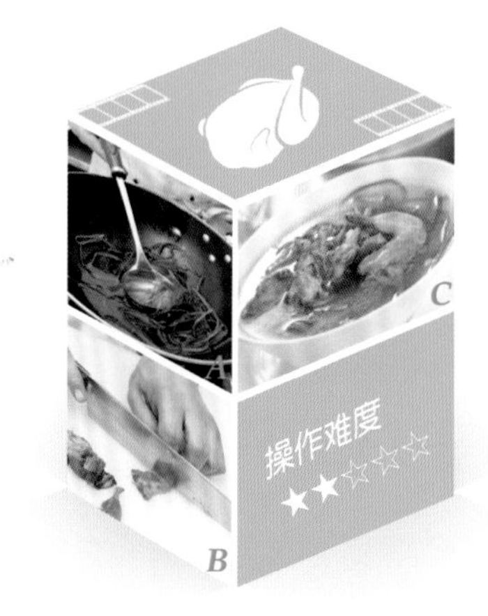

1. 水发海带洗净，切成细丝，放入沸水锅中焯透Ⓐ，捞出沥干；鹌鹑宰杀，洗涤整理干净，剁成大块Ⓑ，放入清水锅中烧沸，焯去血水，捞出沥干。
2. 坐锅点火，加入植物油烧至六成热，先下入葱段、姜片炒香，再放入鹌鹑块、料酒煸炒至略干。
3. 添入鸡汤，放入海带丝煮沸，转小火煮30分钟至鹌鹑熟透，加入精盐、鸡精，淋入香油即可。

鹌鹑煲海带

香菇鹌鹑煲

-原 料—

鹌鹑2只/西蓝花100克/香菇1朵/精盐1小匙/味精1/2小匙/料酒、面粉各2小匙/香油少许/植物油2大匙/清汤750克

-制 作—

1. 鹌鹑宰杀，洗涤整理干净，放入清水锅中烧沸A，焯去血沫，捞出沥水;西蓝花去根，掰成小瓣B。
2. 鹌鹑放入汤碗中，加入清汤、葱段、姜片、料酒、精盐、味精，放入蒸锅中蒸1小时至熟，取出。
3. 锅中加入植物油烧热，放入面粉炒香，倒入蒸鹌鹑的原汤，放入西蓝花块、香菇熬至浓白，加入精盐、味精调味，倒入汤碗中即可。

原料

鸡蛋2个/红辣椒20克/香菜15克/精盐、酱油各2小匙/米醋、水淀粉、香油各1小匙/清汤1000克

制作

1. 将鸡蛋磕入大碗中搅拌均匀成鸡蛋液A；香菜去根和老叶，洗净，切成小段；红辣椒洗净，去蒂及籽，一切两半。
2. 锅置火上，加入清汤，放入红辣椒、精盐、米醋、酱油烧沸B，撇去表面浮沫。
3. 用水淀粉勾薄芡，再淋入鸡蛋液汆烫至定浆，起锅盛入汤碗中，然后撒上香菜段，淋入香油即可。

酸辣鸡蛋汤

TIME / 15分钟

口味：酸辣味

-原 料——

鸡蛋2个/冬菜50克/精盐2小匙/味精1小匙/香油适量

-制 作——

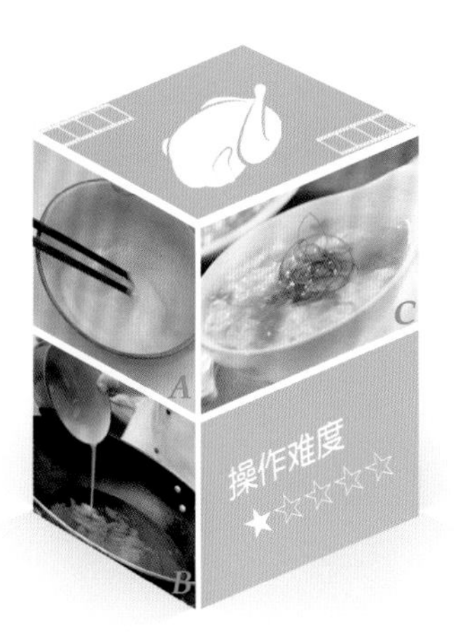

1. 将冬菜择洗干净，沥去水分；鸡蛋磕入碗中，用筷子搅打均匀成鸡蛋液A。
2. 净锅置火上，加入适量清水烧沸，放入冬菜稍煮，再慢慢淋入鸡蛋液B。
3. 然后加入精盐、味精调好汤汁口味，起锅盛入大汤碗中，淋入香油即可。

-原 料-

鸭蛋2个/丝瓜1根/海米25克/精盐1小匙/味精、香油、植物油各少许

-制 作-

1. 将鸭蛋磕入大碗中，用筷子搅打均匀成鸭蛋液Ⓐ；丝瓜去皮，洗净，切成坡刀块Ⓑ。

2. 净锅置火上，加入植物油烧七成热，下入海米、丝瓜稍炒Ⓒ，再加入清水煮沸。

3. 然后淋入鸭蛋液，加入精盐、味精调好口味，淋入香油，出锅装碗即可。

Part 4
菌藻豆品汤味美

虾干时蔬腐竹煲

TIME / 25分钟

-原 料

腐竹、虾干、鲜蘑、香菇、小油菜各适量/葱段、姜片各5克/精盐1大匙/味精、白糖各1/2小匙/蚝油2小匙/料酒3小匙/老抽1小匙/植物油适量

-制 作

1. 鲜蘑、香菇去蒂、洗净，切成片；虾干用热水泡软A。腐竹用清水泡软，切成小段；小油菜洗净，切成两半B。
2. 碗中加入酱油、老抽、蚝油、白糖、味精、泡虾干的水调匀成味汁C。
3. 锅置火上，加入植物油烧热，下入葱段、姜片炒香味，放入虾干浸炸D。
4. 放入蘑菇片、香菇片炒软，放入腐竹段炒匀E，烹入调好的味汁炒匀，转小火煮3分钟。
5. 放入小油菜翻炒至熟，用水淀粉勾芡，倒入砂煲中，上桌即可。

-原 料—

鲜口蘑300克/白萝卜丝、黄豆芽、胡萝卜丝各适量/葱段、姜片各5克/精盐、味精、胡椒粉、料酒、熟猪油各适量

-制 作—

1. 鲜口蘑洗净，剞上十字花纹Ⓐ；黄豆芽掐去根，洗净、沥水，放入热锅内干炒片刻Ⓑ，盛出。

2. 锅置火上，加入熟猪油烧热，下入葱段、姜片炝锅。添入清水煮沸Ⓒ，放入口蘑煮5分钟。

3. 放入黄豆芽煮熟，捞出口蘑和豆芽，放入汤碗中；把萝卜丝放入汤锅内煮熟Ⓓ，加入精盐、味精、料酒，烧沸后倒入盛有口蘑的汤碗中，撒上胡椒粉即成。

原 料

小白蘑200克/玉米笋、胡萝卜、土豆各50克/西蓝花30克/葱花少许/精盐、酱油各1小匙/鸡精1/2小匙/料酒2小匙/植物油2大匙/鸡汤500克

制 作

1. 小白蘑去根，用清水洗净；玉米笋切成小条；土豆、胡萝卜分别去皮，洗净，均切成片Ⓐ。
2. 锅置火上，加入植物油烧热，先下入葱花炒出香味，再加入鸡汤、料酒煮沸。
3. 放入小白蘑、玉米笋、土豆片、胡萝卜片、西蓝花煮沸Ⓑ，转小火煮至熟烂，加入精盐、酱油、鸡精调好口味，出锅装碗即可。

-原 料

猴头菇、竹荪、榛蘑、黄蘑、香菇、口蘑、牛肝菌各适量/姜片、香葱花、精盐、牛肉清汤粉、胡椒粉、料酒、清汤、熟鸡油各少许

-制 作

1. 将所有菌类原料用清水泡发好，洗涤整理干净，再放入沸水锅中焯透Ⓐ，捞出沥干。
2. 砂锅置火上，加入熟鸡油烧热，先下入姜片、香葱花炒香Ⓑ，再烹入料酒，添入清汤，放入所有菌类原料烧煮至沸，撇去浮沫。
3. 然后加入牛肉清汤粉、精盐、胡椒粉调匀，用小火煮约30分钟至入味，出锅装碗即成。

-原 料-

鲜香菇5朵 / 青菜心3棵 / 花椒15粒 / 精盐、酱油各2小匙 / 味精1小匙 / 水淀粉4小匙 / 香油3大匙 / 高汤500克

-制 作-

1. 将青菜心择洗干净，放入沸水锅中焯烫一下Ⓐ，捞出漂凉，挤干水分，切成3厘米长的段。
2. 鲜香菇去蒂，洗净，切成薄片Ⓑ，放入沸水锅中焯烫一下，捞出沥水。
3. 锅中加入高汤、酱油、精盐、香菇片和青菜煮沸Ⓒ，加入味精、水淀粉勾芡，倒入汤碗内；锅中加入香油烧热，放入花椒炸黑，把热花椒油倒入汤碗中即可。

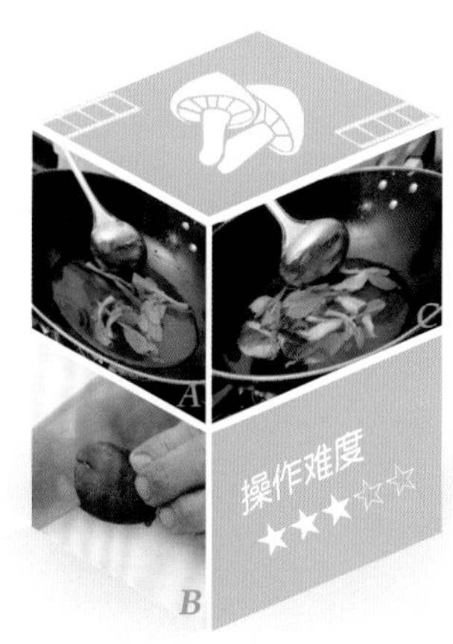

-原 料-

雪梨2个/干银耳15克/马蹄(荸荠)15粒/枸杞子适量/冰糖、牛奶各适量

-制 作-

1. 将银耳泡发，去蒂，洗净，撕成小朵；雪梨洗净，去皮Ⓐ，切成大块Ⓑ。
2. 马蹄去皮，洗净；枸杞子用清水浸泡并洗净Ⓒ，沥去水分。
3. 将雪梨块、银耳、马蹄、冰糖放入电压力锅中，再加入适量清水Ⓓ，盖上压力锅盖。
4. 煲压40分钟至浓稠，取出后倒入大碗中，撒上少许枸杞子Ⓔ。
5. 炒锅置火上，加入牛奶煮沸，出锅倒入雪梨、银耳碗中即可。

银耳雪梨羹

口味：香甜味

-原 料-

鲜草菇100克/水发木耳、冬笋各50克/菜薹30克/精盐1/2大匙/味精、白糖各1小匙/胡椒粉少许/高汤1000克

-制 作-

1. 水发木耳洗净，撕成小块；菜薹洗净，切成段Ⓐ；鲜草菇放入淡盐水中浸泡Ⓑ，洗净，切成大片Ⓒ。
2. 锅中加入少许高汤煮沸，放入木耳块、冬笋片、菜薹段Ⓓ，用小火煮约1分钟，捞出沥水，放入汤碗中。
3. 原锅加入草菇片煮3分钟，捞出放在木耳汤碗中；锅中倒入剩余的高汤，加入精盐、味精、白糖、胡椒粉调味，煮沸后倒在盛有草菇的汤碗中即可。

草菇木耳汤

TIME/25分钟

口味：鲜咸味

-原 料-

水发木耳100克 / 黄瓜1根 / 精盐1小匙 / 香油1/2小匙 / 味精、酱油、植物油各少许

-制 作-

1. 将黄瓜去蒂、去皮，洗净，剖开后挖出瓜瓤，切成厚块Ⓐ；水发木耳去蒂，洗净，撕成小朵。
2. 锅置火上，加入植物油烧热，先放入水发木耳爆炒一下Ⓑ，再加入适量清水和酱油烧沸。
3. 然后放入黄瓜块略煮，最后加入味精、精盐、香油调好口味，即可出锅装碗。

原料

腐竹75克/水发香菇30克/水发海米、水发木耳、胡萝卜片、柿子椒片各少许/葱段、蒜瓣、姜片、精盐、白糖、味精、香油各少许/酱油、料酒、水淀粉、植物油、清汤各适量

制作

1. 腐竹用温水涨发，切成小段A；水发香菇去蒂，切成片B；水发木耳择洗干净，撕成小块。
2. 锅置火上，加油烧热，下入蒜瓣炸出香味C，放入水发海米、葱段、姜片炒匀，加入香菇片、料酒、酱油和清汤煮沸D。
3. 加入白糖、精盐、味精、腐竹、木耳煮5分钟，放入柿子椒片和胡萝卜片，用水淀粉勾芡，淋上香油即成。

-原 料-

豆腐1块/鲜松茸3朵/精盐1大匙/味精、酱油各2小匙/鸡精1小匙/清汤适量

-制 作-

1. 鲜松茸用刀削去根部，放入淡盐水中轻轻洗净，再放入沸水锅中煮约30秒钟A，捞出、过凉。

2. 豆腐用刀从中部横切一刀，再切成小方丁B，放入沸水锅中煮约1分钟，捞出晾凉。

3. 砂锅置火上，加入清汤、精盐、酱油、鸡精和味精煮沸，再放入煮好的松茸和豆腐块稍煮几分钟，离火上桌即成。

家常香卤豆花

DVD

TIME / 25分钟

口味：鲜咸味

原 料

内酯豆腐2盒/豌豆粒50克/榨菜、香菇、木耳、黄花菜各少许/葱花、姜末、花椒、精盐、味精、胡椒粉、酱油、料酒、水淀粉、植物油各适量

制 作

1. 将香菇、木耳、黄花菜分别放入清水中泡发，择洗干净，香菇切成斜刀片A；木耳撕成小朵。
2. 内酯豆腐取出，放入容器中B，入锅蒸3分钟，取出；豌豆粒入锅焯水C，捞出；榨菜洗净、切丝。
3. 锅置火上，加入植物油烧热，先下入葱花、姜末爆香，烹入料酒。
4. 放入香菇、黄花菜、榨菜、木耳、清水、酱油、精盐煮沸D。
5. 加入味精、胡椒粉调好口味，用水淀粉勾芡E，起锅浇在豆腐上，撒上豌豆粒，浇上烧热的花椒油即可。

-原 料-

水发银耳3朵/雪蛤40克/冰糖30克

-制 作-

1. 将雪蛤放入清水中浸泡使其充分涨发，再去除杂质，漂洗干净，撕成小块Ⓐ；水发银耳去蒂，洗净，撕成小朵。

2. 锅置火上，加入适量清水煮沸，分别放入雪蛤、银耳焯烫一下Ⓑ，捞出沥干。

3. 坐锅点火，加入适量清水烧沸，先下入银耳煮约40分钟至银耳软烂、汤汁浓稠时，再放入雪蛤，加入冰糖煮至溶化，出锅装碗即可。

-原 料-

菠菜、水发银耳各150克/枸杞子15克/鸡蛋清1个/姜片5克/精盐、味精各1/2小匙/水淀粉2大匙/熟猪油1小匙/猪骨汤750克

-制 作-

1. 水发银耳撕成小朵A；枸杞子洗净；菠菜去根和菠菜茎，取嫩菠菜叶，用清水洗净，切成细丝B。
2. 坐锅点火，加入熟猪油烧热，下入姜片炝锅，倒入猪骨汤烧沸，下入银耳，转小火煲至熟烂C。
3. 加入精盐、味精、枸杞子煮匀，淋入打散的鸡蛋清，用水淀粉勾芡，放入菠菜丝搅匀D，淋入少许熟猪油，出锅盛入汤碗中即成。

菠菜银耳羹

TIME / 25分钟　口味：鲜咸味

清汤竹荪炖鸽蛋

-原 料-

鸽蛋6个／竹荪4条／菜胆6棵／精盐1小匙／味精、鸡精各1/2小匙／胡椒粉、醋精各少许／清汤适量

-制 作-

1. 将竹荪放入清水中，加入醋精浸泡15分钟，捞出冲净，切成4厘米长段A；菜胆洗净，切成段B。
2. 将鸽蛋洗净，放入清水锅中烧沸，煮5分钟至熟C，捞出冲凉，剥去外壳。
3. 取6个炖盅，分别放入鸽蛋、菜胆和竹荪，添入清汤，上锅蒸炖约30分钟，加入精盐、味精、鸡精、胡椒粉调味，取出上桌即可。

-原 料-

北豆腐2块（约400克）/菠菜250克/海米15克/葱花20克/精盐1小匙/酱油2小匙/植物油适量

-制 作-

1. 北豆腐洗净，切成小薄片Ⓐ；菠菜择洗干净，切成小段，放入沸水锅中焯烫一下，捞出沥水；海米用温水涨发，沥干水分。

2. 净锅置火上，加入植物油烧热，先下入豆腐片煎至两面呈金黄色Ⓑ，再加入葱花、酱油，添入清水。

3. 放入水发海米和精盐烧沸，最后放入菠菜段，快速汆烫至变色，即可出锅装碗。

原 料

北豆腐1大块/花蛤300克/干裙带菜25克/香葱末10克/红干椒5克/味精1/2小匙/韩式大酱3大匙

制 作

1. 北豆腐洗净，切成小块；干裙带菜用清水泡开，清洗干净，切成段A。
2. 花蛤放入清水盆中浸泡，用清水漂洗净泥沙，沥去水分。
3. 锅中加入适量清水烧沸B，放入红干椒、韩式大酱搅匀，再放入豆腐块C。
4. 烧沸后煮5分钟，然后放入花蛤推搅均匀D，续煮2分钟。
5. 放入裙带菜段稍煮E，加入味精，出锅装碗，撒上香葱末即可。

大酱花蛤豆腐汤

口味：酱香味

-原 料-

水豆腐1块/水发干贝100克/鸡蛋清6个/水发香菇片、青豆、熟火腿片各15克/精盐、味精各1大匙/水淀粉3大匙/料酒、熟猪油各5小匙/牛奶150克/肉汤750克

-制 作-

1. 鸡蛋清放入大碗中A，加入水豆腐、牛奶、精盐、味精搅拌均匀B，倒入汤盆中，上笼用小火蒸约20分钟，取出，用小刀划成菱形方块。

2. 干贝用温水洗净，放入碗中，加入肉汤、料酒，放入蒸锅蒸至熟软，取出。

3. 锅中放入干贝，加入精盐、味精，放入火腿片、香菇片、青豆烧沸，用水淀粉勾芡，浇在豆腐上即成。

双冬豆皮汤

口味：鲜咸味

-原 料-

豆腐皮3张/冬菇2朵/冬笋50克/葱花、姜末各10克/精盐、味精、香油各1/2小匙/酱油2小匙/植物油2大匙/鲜汤500克

-制 作-

1. 将豆腐皮上笼蒸至软，取出，切成菱形片A；冬菇用温水泡发，除去杂质，洗净，切成丝；冬笋去皮，洗净，切成小片。
2. 锅中加入植物油烧热，先下入葱花、姜末炒香，添入鲜汤，放入冬菇丝、冬笋片、豆腐皮烧沸B。
3. 撇去表面浮沫，加入味精、精盐、酱油调好口味，淋入香油，出锅装碗即成。

-原 料-

净墨鱼200克/鲜香菇75克/炸豆泡25克/鸡蛋1个/柠檬片少许/葱段、姜片、蒜瓣(拍碎)各10克/精盐1小匙/味精、胡椒粉各少许/泡椒末2小匙/面粉、醪糟、植物油各1大匙

-制 作-

1. 净墨鱼放入搅拌器中,加入精盐、葱段、姜片、鸡蛋和面粉搅打成墨鱼糊A;香菇洗净,切成片B。
2. 锅中加入植物油烧热,下入葱段、姜片、蒜瓣、泡椒末炒香C,加入醪糟、柠檬片、清水煮约10分钟。
3. 放入香菇片,把墨鱼糊挤成小丸子,放入锅中煮10分钟,加入炸豆泡,放入胡椒粉稍煮片刻至浓香入味D,出锅倒入汤碗中即可。

酸辣墨鱼豆腐煲

TIME/25分钟

口味:酸辣味

原 料

大白菜200克/豆腐泡100克/精盐、鸡精各2小匙/味精1小匙/清汤750克/大酱4小匙

制 作

1. 将白菜去掉菜根，洗净，切成3厘米长的段(宽的菜叶从中间切开)A。
2. 豆腐泡用热水洗净余油，切成厚片；大酱放入锅中，加入少许清汤调稀B，出锅装碗。
3. 锅中加入清汤烧沸，放入白菜段、豆泡片煮熟，再加入调好的大酱、精盐煮2分钟至入味，然后加入鸡精、味精稍煮，盛入汤碗中即可。

-原 料-

豆腐1块 / 水发香菇块100克 / 香菜段50克 / 泡山椒35克 / 泡辣椒25克 / 葱花、姜末各15克 / 精盐1大匙 / 味精2小匙 / 胡椒粉5小匙 / 植物油2大匙 / 泡椒油3大匙 / 鲜汤适量

-制 作-

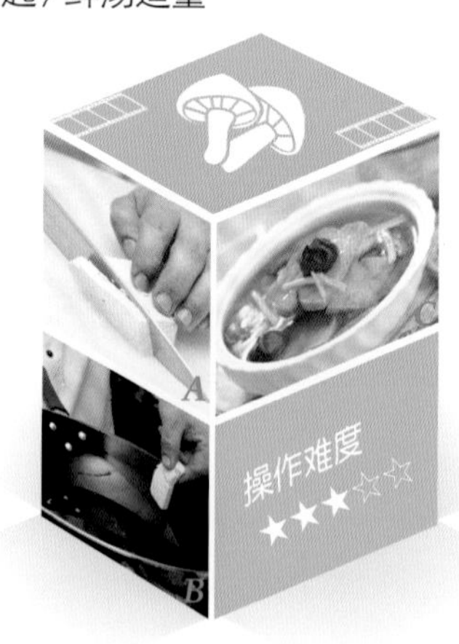

1. 豆腐洗净，切成长方片Ⓐ，放入热油锅中炸至淡黄色，捞出沥油；泡辣椒剁成蓉；取20克泡山椒切碎。

2. 锅中加油烧热Ⓑ，下入葱花、姜末炸香，放入少许泡辣椒蓉、泡山椒末煸出红油，放入香菇块、鲜汤、豆腐片、精盐、味精、胡椒粉煮10分钟，盛入汤碗内。

3. 净锅加上泡椒油、植物油、泡辣椒蓉、泡山椒炒出香辣味，倒在豆腐碗中，撒上香菜段即成。

Part 5
鲜嫩水产烩浓汤

葱油香菌鱼片

原 料

净草鱼1条／杏鲍菇、鸡蛋清各1个／青豆15克／葱丝、姜丝各10克／精盐2小匙／剁椒、料酒、淀粉各2大匙／水淀粉少许／植物油、香油、花椒油各适量

制 作

1. 杏鲍菇用淡盐水浸泡，切成大片A，放入沸水锅内焯烫一下，捞出。
2. 净草鱼去鱼骨、鱼皮B，片成大片C，洗净，加入鸡蛋清、淀粉、少许精盐和味精搅拌均匀，上浆。
3. 锅中放入清水和少许植物油煮沸，放入鱼片焯烫2分钟D，关火后捞出。
4. 锅中加油烧热，放入葱丝、姜丝炝锅，放入杏鲍菇片炒匀，加入料酒、精盐、味精、青豆和清水烧沸。
5. 用水淀粉勾芡E，放入鱼片煮至熟嫩，关火后取出，撒上剁椒、葱丝、姜丝，浇上烧热的花椒油即可。

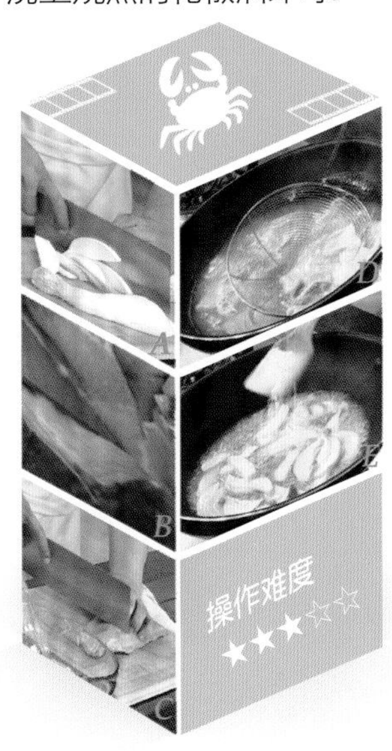

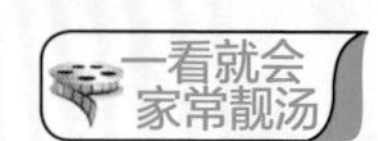

-原 料-

带鱼1条／净白菜叶200克／粉丝75克／青椒块30克／朝天椒段20克／葱段、葱花、姜片、精盐、味精、香油、植物油、豆瓣酱、料酒、老抽、淀粉各适量

-制 作-

1. 将带鱼洗净，切成段Ⓐ，加入料酒、葱段、姜片、精盐略腌，拍匀淀粉，用热油炸至金黄Ⓑ，捞出沥油。
2. 锅中留底油烧热，下入葱段、姜片、朝天椒段、豆瓣酱炒红，再放入青椒段、白菜叶、粉丝略炒。
3. 加入老抽、料酒、精盐、鲜汤，放入带鱼烧沸，转小火炖10分钟，加入味精调味，出锅倒入烧热的砂煲内，撒上葱花，淋入香油即成。

-原 料-

鲤鱼1条(约650克)/赤豆(泡好)150克/葱段、姜片各25克/精盐、味精、料酒各2小匙/白糖75克/米醋3大匙/熟猪油2大匙/鸡汤1000克

-制 作-

① 鲤鱼宰杀,洗涤整理干净,在两侧剞上棋盘花刀Ⓐ,放入沸水锅中焯烫片刻Ⓑ,捞出,揩干水分。

② 锅置火上,加入熟猪油烧热,先下入葱段、姜片炸香,烹入料酒,添入鸡汤烧沸。

③ 放入赤豆煮至软烂,然后放入鲤鱼,加入精盐、味精,继续炖至鱼熟入味,加入白糖,淋入米醋略炖,盛出即可。

-原 料

鲤鱼1条／冬笋尖100克／鸡蛋清2个／青蒜苗、香菜段各10克／姜片、葱段各10克／精盐、味精、胡椒粉、料酒各1小匙／淀粉、熟猪油各2大匙／奶汤适量

-制 作

1. 鲤鱼去掉鱼鳃、鱼骨A，取鲤鱼肉，带皮切成厚片B，加入鸡蛋清、料酒、精盐、味精和淀粉抓匀、上浆；冬笋尖洗净，切成片；青蒜苗洗净，切成段。

2. 锅置火上，加入熟猪油烧热，下入姜片、葱段炸香后，添入奶汤煮5分钟，捞出葱段、姜片不用。

3. 下入鱼片、笋片，用中火煮至熟透，加入精盐、味精、胡椒粉调味，撒上蒜苗段、香菜段即可。

莼菜鱼片汤

TIME / 25分钟　口味：鲜咸味

原 料

鲜鱼1条（约500克）/莼菜1罐/猪肥肉馅75克/鸡蛋清1个/精盐1小匙/胡椒粉少许/淀粉适量/高汤250克

制 作

1. 鲜鱼去鱼头、鱼骨、鱼刺、鱼皮，用淡盐水洗净，擦净水分，剁成鱼蓉Ⓐ，加入猪肥肉馅、鸡蛋清、精盐、淀粉拌匀成鱼浆。

2. 锅中加入高汤烧沸，将搅匀的鱼浆装入塑料袋内，剪开一角，挤成条状Ⓑ，滑入汤中煮沸。

3. 放入洗净的莼菜略煮，加入精盐调味，用水淀粉勾芡，撒上胡椒粉，出锅装碗即成。

-原 料——

净草鱼1条/羊肉200克/香菜、四川酸菜各100克/西红柿75克/泡椒末30克/葱段、姜片各15克/精盐少许/胡椒粉1小匙/料酒、植物油各1大匙

-制 作——

1. 净锅置火上，加入适量清水，放入洗净的羊肉，加入葱段和姜块烧沸，转小火炖至熟嫩成羊肉汤。
2. 西红柿洗净，切成块；姜块洗净，切成片A；净草鱼洗净B，切成块。
3. 锅置火上，加入植物油烧热，下入葱段和姜片煸香C，放入四川酸菜和泡椒末煸炒均匀。
4. 下入西红柿块炒至软烂D，倒入熬煮好的羊汤煮沸，加入胡椒粉、精盐和料酒调味E。
5. 倒入汤锅中，置小火上煮至入味，放入草鱼块炖至熟嫩，上桌即可。

羊汤酸菜番茄鱼

口味：酸辣味

-原 料-

银鳕鱼肉300克/净冬菜、水发粉丝各100克/熟火腿片25克/葱段、姜片各5克/精盐、味精、鸡精、白胡椒粉、料酒各2小匙/熟猪油3大匙

-制 作-

1. 银鳕鱼肉洗净，切成厚片Ⓐ，放入沸水锅中略焯一下Ⓑ，捞出沥水。

2. 锅中加入熟猪油烧热，先下入葱段、姜片炒香，烹入料酒，添入清水、冬菜、鳕鱼肉煮沸。

3. 加入精盐、味精、鸡精、白胡椒粉，转中火炖至鱼肉熟嫩，放入水发粉丝略煮，倒入砂锅中，淋入香油，撒上火腿片，即可上桌。

冬瓜草鱼汤

TIME / 75分钟　口味：鲜咸味

-原 料——

草鱼300克/冬瓜250克/生姜2片/精盐、植物油各适量

-制 作——

1. 冬瓜去皮、去瓤，洗净，切成小块Ⓐ；草鱼洗涤整理干净，沥去水分，剁成大块。
2. 锅置火上，加入植物油烧热，先下入姜片略煎，再放入草鱼煎至金黄色Ⓑ。
3. 然后加入适量清水煮沸，撇去浮沫，放入冬瓜块，用旺火煮沸Ⓒ，转小火煲约1小时，加入精盐调好口味，出锅装碗即可。

-原 料——

鲈鱼1条(约600克)/苦瓜150克/枸杞子少许/鸡蛋2个/葱段、姜片各15克/精盐、味精各2小匙/料酒1大匙/香油、植物油各3大匙

-制 作——

1. 苦瓜去掉瓜瓤,切成薄片;鲈鱼去掉鱼鳞、鱼鳃和内脏,洗净,在表面剞上一字花刀A,放入油锅内稍煎上颜色B,取出、沥油。
2. 锅中留底油烧热,加入葱段、姜片煸香,放入鸡蛋煎好C,加入适量清水和鲈鱼煮沸。
3. 烹入料酒,用旺火炖至鲈鱼熟嫩,加入精盐、味精调味,放入苦瓜片和枸杞子调匀D,出锅装碗即可。

-原 料——

鲈鱼1条/山药、裙带菜、枸杞子各少许/葱段、姜片各10克/精盐、鸡精、胡椒粉、白糖、植物油各适量

-制 作——

1. 山药去皮，洗净，切成滚刀块A；裙带菜洗净；鲈鱼洗涤整理干净，去头、去骨，取净肉，切成片B。

2. 锅中加入植物油烧热，下入葱段、姜片、鱼头、鱼骨略炒一下，加入清水，放入山药煮至呈奶白色。

3. 放入裙带菜，加入精盐、鸡精、胡椒粉、白糖煮3分钟，捞出鱼头、骨头放入汤碗中；把枸杞子、鱼肉片放入锅中汆熟，连汤一起倒入碗中即成。

鱼面筋冬瓜

TIME / 45分钟

-原 料-

草鱼肉、冬瓜各200克/鲜香菇80克/鸡蛋2个/枸杞子15粒/香菜末、大葱、姜丝各10克/精盐、胡椒粉、淀粉、味精各1小匙/料酒4小匙/水淀粉2大匙/植物油适量

-制 作-

1. 草鱼肉放入粉碎机中，加入鸡蛋、料酒打碎成泥，倒入碗中，加入胡椒粉、精盐、淀粉拌匀A，挤成小丸子。
2. 冬瓜去皮，洗净，切成块；鲜香菇洗净，切成块；大葱洗净，切成丝B。
3. 锅置火上，加入植物油烧热，下入丸子炸至浅黄色成鱼面筋C，捞出。
4. 锅留底油烧热，下入葱丝、姜丝炒香，加入料酒、清水、胡椒粉、精盐、冬瓜块、香菇块、鱼面筋煮5分钟D。
5. 用水淀粉勾芡，放入枸杞子，调入味精E，倒入砂锅中，撒上香菜末，原锅上桌即可。

香菜鱼片汤

TIME / 30分钟　口味：鲜咸味

原 料

净草鱼1条／嫩豆腐1块／香菜15克／姜片10克／精盐、味精、料酒各2小匙／鸡精1小匙／胡椒粉少许／植物油适量

制 作

1. 净草鱼洗涤整理干净，去骨取肉，切成大片Ⓐ；嫩豆腐洗净，切成小块；香菜去根，洗净，切成段。
2. 锅置火上，加入植物油烧热，先下入姜片爆香，再加入料酒和适量清水，放入鱼片、嫩豆腐煮沸Ⓑ。
3. 然后加入精盐、味精、鸡精、胡椒粉炖煮至汤汁浓白、鱼肉熟嫩，撒上香菜段，出锅装碗即成。

原 料

鳙鱼头1个/熟火腿片、冬笋片、水发香菇片各50克/党参、黄芪各10克/葱段、姜片各少许/精盐、味精各1大匙/胡椒粉1小匙/料酒2小匙/植物油2大匙

制 作

1. 将鳙鱼头去鳃，劈成两半Ⓐ，洗净血污，揩干水分；党参、黄芪用纱布包好，用热水泡约15分钟。
2. 锅中加油烧热，下入姜片、葱段炸香，放入鱼头煎至两面上色Ⓑ，烹入料酒，加入清水煮沸。
3. 撇去浮沫，加入精盐和胡椒粉，倒入砂锅中，再放入纱布包、火腿片、冬笋片和香菇片炖约30分钟，拣出纱布包、姜葱不用，加入味精，上桌即可。

腐竹鱼头煲

-原 料——

鱼头半个（约300克）/腐竹100克/葱段、姜片各10克/精盐、植物油各4小匙/味精、料酒各2小匙/胡椒粉少许

-制 作——

1. 将鱼头去除鱼鳃、洗净血污，擦净水分；腐竹用温水泡软，洗净，切成小段A。
2. 净锅置火上，加入植物油烧热，放入鱼头两面略煎一下B，再烹入料酒，放入姜片。
3. 加入清水，用旺火煮沸，转中火煲约30分钟，放入腐竹段煲约10分钟，加入精盐、味精调好口味，放入葱段，撒上胡椒粉，出锅装碗即成。

啤酒鳗鱼煲

TIME / 25分钟　口味：鲜咸味

原 料

白鳗1条（约650克）/香菜段30克/葱段、姜片各10克/葱花5克/精盐2小匙/味精、鸡精、料酒各1大匙/白糖、胡椒粉各4小匙/植物油3大匙/啤酒1瓶

制 作

1. 将白鳗宰杀Ⓐ，剖腹去除内脏，洗净血污，切成段Ⓑ，放入加有料酒、胡椒粉的沸水锅中焯至六分熟，捞出沥水，再放入中号砂锅内。
2. 净锅置火上，加入植物油烧热，下入姜片、葱段炸香，加入啤酒、清水、调料烧沸，倒入砂锅内。
3. 砂锅置旺火上烧沸，转小火炖约10分钟至熟透入味，撒上葱花、香菜段，上桌即成。

-原 料

净鲈鱼1条/丝瓜150克/面粉100克/鸡蛋1个/香菜少许/葱丝、姜片各15克/精盐2小匙/胡椒粉1小匙/料酒2大匙/植物油适量

-制 作

1. 丝瓜洗净，切成小条；香菜洗净，切成段；净鲈鱼去掉鱼尾，切成段A，加入料酒、胡椒粉和精盐拌匀。
2. 鸡蛋磕入大碗内，加入面粉、少许植物油和清水调匀成鸡蛋糊B。
3. 锅中加油烧热，将鱼块滚上鸡蛋糊，放入热油锅内煎呈黄色C，捞出。
4. 锅中留底油烧热，放入姜片、鱼头略炒D，烹入料酒，加入清水煮沸，放入丝瓜条、精盐、胡椒粉煮10分钟E。
5. 捞出鱼头和丝瓜条，放在汤碗内。将鱼片放入汤中煮3分钟，倒在汤碗内，撒上葱丝、香菜段即可。

面汆鱼

口味：鲜咸味

原 料

水发海参5个／香菜段15克／葱丝25克／精盐、味精各1小匙／胡椒粉1/2小匙／料酒1大匙／姜汁2小匙／香油、酱油各少许／熟猪油5小匙／鸡汤750克

制 作

1. 把水发海参去除腹内黑膜，洗净泥沙，片成大片A，放入清水锅内焯透，捞出沥水。
2. 锅置旺火上，加入熟猪油烧至七成热，下入少许葱丝稍炒B，烹入料酒，加入鸡汤、味精、姜汁、酱油、精盐和胡椒粉，放入海参片煮沸。
3. 撇去表面浮沫，淋入香油，盛入大汤碗中，撒上葱丝和香菜段即可。

-原 料-

水发海参200克/西红柿、鲜金针菇各50克/水发粉丝、香菜段、葱丝、姜丝各少许/精盐2小匙/白糖、味精、辣椒油、香油各1小匙/胡椒粉、陈醋各5小匙/水淀粉1大匙/清汤750克

-制 作-

1. 鲜金针菇去根，放入沸水中焯烫一下A，捞出沥水；西红柿切成小条；水发海参洗净，切成丝B，放入清水锅内焯烫一下C，捞出过凉，沥干水分。

2. 锅中添入清汤，放入海参丝、金针菇、西红柿煮沸，加入胡椒粉、陈醋、白糖、精盐、味精调好口味。

3. 放入粉丝，用水淀粉勾芡，撒上葱丝、姜丝，淋入辣椒油、香油D，出锅盛入碗中，撒上香菜段即可。

原料

田鸡500克/鲜人参1棵/红枣5枚/姜片10克/精盐2小匙/味精1小匙/料酒1大匙

制作

1. 鲜人参洗净，切成斜刀薄片A；红枣洗净，去核；田鸡剖洗干净，切成小块，放入沸水锅中略烫B，捞出，用清水洗净，沥去水分。
2. 汤煲置火上，放入田鸡块、人参片、红枣和姜片，再加入适量清水、料酒煮沸。
3. 转中小火煲约1小时至料熟、汤浓，加入精盐、味精调好口味，出锅装碗即可。

原 料

蛤蜊200克／墨鱼150克／草菇罐头1瓶／鲜虾5只／小番茄5个／葱段20克／精盐、鸡精、胡椒粉各1/2小匙／鱼露1小匙／料酒1大匙／高汤适量

制 作

1. 鲜虾去虾须、虾头Ⓐ、虾壳，挑去虾线Ⓑ，洗净；墨鱼去头，切开后洗净，剞上交叉花刀，切成小片。
2. 蛤蜊洗净，放入淡盐水中浸泡，使之吐净泥沙，洗净；草菇洗净，切成小片；小番茄洗净，切成片。
3. 汤锅置火上，加入高汤煮沸，放入鲜虾、墨鱼片、草菇、小番茄片、蛤蜊，再加入精盐、鸡精、鱼露、料酒和胡椒粉煮5分钟，出锅装碗即可。

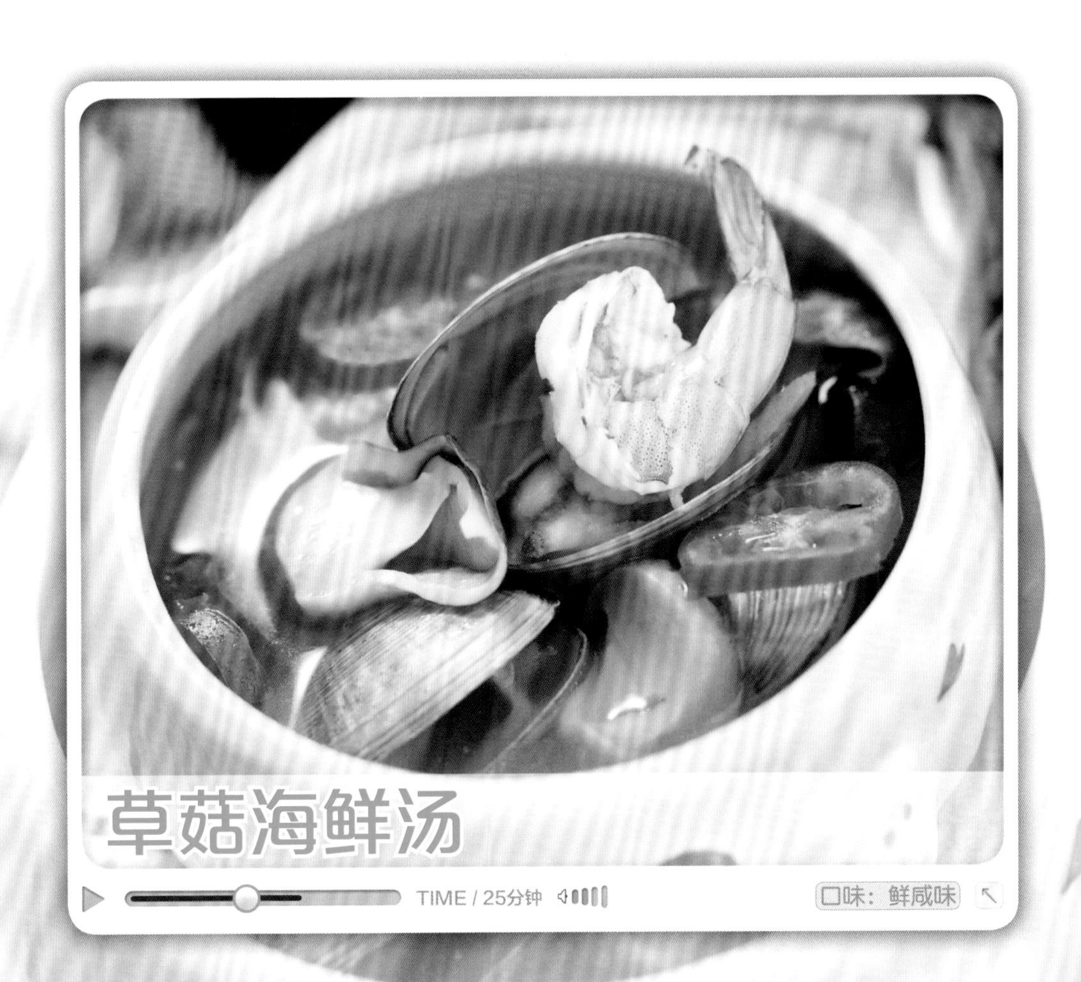

草菇海鲜汤

TIME / 25分钟　口味：鲜咸味

鸡米豌豆烩虾仁

-原 料-

虾仁150克/鸡头米（芡实）100克/豌豆50克/鸡蛋清1个/葱末、姜末各5克/精盐、淀粉各2小匙/味精、胡椒粉各1/2小匙/水淀粉1大匙/植物油适量

-制 作-

1. 虾仁由背部切开，去除虾线A，洗净，加入少许精盐、味精、胡椒粉、鸡蛋清、淀粉调拌均匀B。
2. 鸡头米用清水浸泡30分钟，放入清水锅中煮20分钟，取出。
3. 锅中加入清水烧沸C，加入少许精盐，放入虾仁焯至变色D，捞出。
4. 锅内加入植物油烧热，下入葱末、姜末炒香，加入清水、豌豆、精盐、味精、胡椒粉煮沸。
5. 用水淀粉勾芡，放入煮好的鸡头米、虾仁调匀E，出锅装碗即可。

-原 料——

肉蟹2只/水发鱼肚、水发蹄筋、水发海参、大白菜叶、粉丝各50克/水发干贝6粒/魔芋结10个/油菜心5棵/葱段、姜片、精盐、味精、胡椒粉、鸡精、料酒、香油、熟猪油各适量

-制 作——

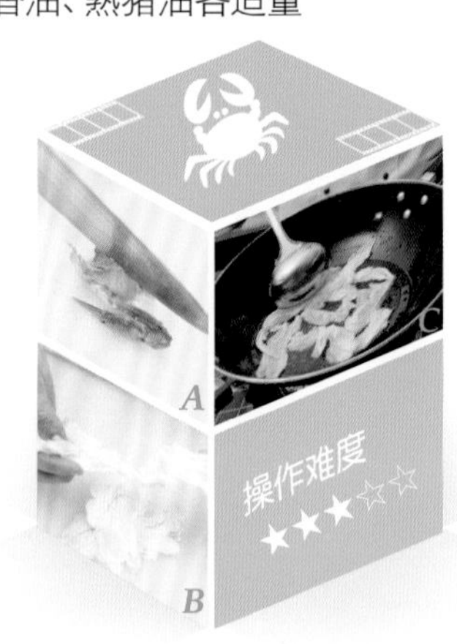

1. 肉蟹洗净，切为四块A；鱼肚、蹄筋、海参均切成长条；大白菜叶撕成块B，用沸水略烫C，捞出。
2. 砂锅中放入白菜叶和粉丝垫底，依次摆入肉蟹块、鱼肚、蹄筋、海参、魔芋结、水发干贝和油菜心。
3. 炒锅加熟猪油烧热，下入葱段、姜片炸香，加入清水、精盐、味精、鸡精、胡椒粉调味，出锅倒入砂锅中，置火上烧沸，转中火炖10分钟，淋入香油即可。

原 料

大虾6只／莴笋200克／水发鱿鱼100克／蚬子80克／葱末、姜末各少许／精盐1小匙／鸡精1/2小匙／料酒、植物油各1大匙／高汤1500克

制 作

1. 莴笋去皮，洗净，切成菱形块A；水发鱿鱼洗净，剞上花刀，切成小块；大虾、蚬子分别洗净。

2. 锅置火上，加入适量清水烧沸，放入水发鱿鱼块、蚬子汆烫一下B，捞出、冲净。

3. 锅中加入植物油烧热，下入葱末、姜末炒香，添入高汤煮沸，放入鱿鱼、蚬子、大虾、莴笋块汆至熟，加入精盐、鸡精、料酒调味，出锅装碗即可。

蛤蜊瘦肉海带汤

TIME / 25分钟

口味：鲜咸味

-原 料——

活蛤蜊250克 / 猪瘦肉150克 / 干海带50克 / 姜片5克 / 精盐1/2小匙 / 鸡精1小匙 / 胡椒粉1/3小匙 / 植物油1大匙 / 猪骨汤700克

-制 作——

1. 干海带放入清水中泡发，洗净，切成细丝Ⓐ，放入沸水锅中焯烫一下，捞出沥干。

2. 猪瘦肉洗净，切成薄片Ⓑ，放入沸水中焯透Ⓒ，捞出；蛤蜊放入淡盐水中吐净泥沙，刷洗干净。

3. 锅中加入植物油烧热，下入姜片炒香，添入猪骨汤煮沸，放入海带、猪肉煮15分钟，放入蛤蜊，小火煮5分钟，加入精盐、鸡精、胡椒粉调味即成。

-原 料-

飞蟹1只(约200克)/水发粉丝100克/洋葱丝、红椒丝各20克/姜丝、黑胡椒汁、蚝油、鲜露、浓缩鸡汁、料酒、淀粉各少许/清汤、植物油各适量

-制 作-

1. 将飞蟹开壳去掉内脏，洗净，剁成大块A，再拍匀淀粉B。
2. 锅置火上，加入植物油烧热，下入拍匀淀粉的飞蟹块炸透C，捞出沥油。
3. 砂锅加入植物油烧热，先爆香洋葱丝、姜丝、红椒丝，再放入水发粉丝、飞蟹块略炒，加入清汤、黑胡椒汁、蚝油、鲜露、鸡汁、料酒煮入味，上桌即可。

-原 料

文蛤500克/水晶粉、海带丝各适量/鸡蛋黄2个/大葱、姜块各10克/精盐2小匙/胡椒粉、料酒各1小匙/味精、植物油各少许

-制 作

1. 大葱择洗干净，切成葱花A；姜块去皮，洗净，切成细丝。
2. 将文蛤放入淡盐水中浸泡2小时，再用清水冲洗干净，沥去水分。
3. 锅中加入少许植物油烧热，放入鸡蛋黄炒散B，再加入适量清水，放入姜丝，用旺火煮5分钟C。
4. 然后放入水晶粉、海带丝，加入精盐、胡椒粉、料酒、味精调味。
5. 放入文蛤搅匀D，炖煮5分钟至熟香E，出锅装碗即成。

蛋黄文蛤水晶粉

口味：鲜咸味

-原 料-

基围虾500克／海蟹2只／香菜段5克／葱段、姜片各10克／精盐、味精、植物油各1大匙／鸡精、料酒各2小匙／胡椒粉少许／清汤1000克

-制 作-

1. 海蟹洗净，上笼蒸至熟，取出，剔出蟹黄和蟹肉Ⓐ；基围虾洗净，从脊背片开Ⓑ，挑去沙线，放入盆中，加入精盐、胡椒粉拌匀，腌约5分钟。

2. 砂锅中加入植物油烧热，下入姜片、葱段炒香，放入基围虾、海蟹肉、蟹黄，烹入料酒，添入清汤。

3. 加入精盐、味精、鸡精、胡椒粉煮沸，转小火炖约30分钟，淋入香油，撒上香菜段，上桌即可。

-原 料

蛤蜊300克/腐竹75克/芹菜50克/精盐2小匙/香油少许/高汤1500克

-制 作

1. 将蛤蜊放入淡盐水中浸泡，使其吐净泥沙Ⓐ，再用清水洗净，沥干水分。
2. 将腐竹洗净，用清水泡软，沥去水分，切成小段Ⓑ；芹菜择去叶片，洗净，切成细末。
3. 锅置火上，加入高汤烧沸，放入腐竹段煮沸Ⓒ，再放入蛤蜊煮至壳开，然后加入精盐、香油及芹菜末煮至入味，出锅装碗即可。

索引一

☆春季 Spring☆

分类原则

春季养生应以补肝为主，而且要以平补为原则，不能一味使用温补品，以免春季气温上升，加重身体内热，损伤人体正气。春季饮食宜选用较清淡，温和且扶助正气补益元气的食物。如偏于气虚的，可多选用一些健脾益气的食物，如红薯、山药、鸡蛋、鸡肉、鹌鹑肉等。偏于阴气不足的，可选一些益气养阴的食物，如胡萝卜、豆芽、豆腐、莲藕、百合等。

适宜菜肴

☆夏季 Summer☆

分类原则

夏季是天阳下济、地热上蒸，万物生长，自然界到处都呈现出茂盛华秀的景象。夏季也是人体新陈代谢量旺盛的时期，阳气外发，伏阴于内，气机宣畅，通泄自如，精神饱满，情绪外向，使"人与天地相应"。夏季饮食养生应坚持四项基本原则，即饮食应以清淡为主，保证充足的维生素和水，保证充足的碳水化合物及适量补充优质的蛋白质，如鱼肉、瘦肉、禽蛋、奶类和豆类等营养物质。

适宜菜肴

☆秋季 Autumng☆

分类原则

秋季阴气渐渐增长，气候由热转寒，此时万物成熟，果实累累，正是收获的季节。人体的生理活动也要适应自然环境的变化。秋季以润燥滋阴为主，其中养阴是关键。秋季易出现体重减轻、倦怠无力、讷呆等气阴两虚的症状，人体会发生一些“秋燥”的反应，如口干舌燥等秋燥易伤津液等，因此秋季饮食应多食核桃、银耳、百合、糯米、蜂蜜、豆浆、梨、甘蔗、乌鸡、莲藕、萝卜、番茄等食物。

适宜菜肴

☆冬季 Winter☆

分类原则

冬季是一年中气候最寒冷的时节，也是一年中最适合饮食调理与进补的时期。冬季进补能提高人体的免疫功能，促进新陈代谢，还能调节体内的物质代谢，有助于体内阳气的升发，为来年的身体健康打好基础。冬季饮食调理应顺应自然，注意养阳，以滋补为主，在膳食中应多吃温性，热性特别是温补肾阳的食物进行调理。以提高机体的耐寒能力。

适宜菜肴

索引一

☆少年 Adolescent☆

分类原则

少年是儿童进入成年的过渡期，此阶段少年体格发育速度加快，身高、体重突发性增长是其重要特征。此外少年还要承担学习任务和适度体育锻炼，故充足营养是体格及性征迅速生长发育、增强体魄、获得知识的物质基础。少年的饮食要注意平衡，鼓励多吃谷类，以供给充足能量；保证鱼、禽、肉、蛋、奶、豆类和蔬菜供给，满足少年对蛋白质、钙、铁和维生素的需求。

适宜菜肴

☆女性 Female☆

分类原则

女性有着与男性不同的营养需要。女性可能需要很少的热量和脂肪，少量的优质蛋白质，同量或多一些的其它微量元素等。很多女性由于工作节奏快或者学习压力大，常常无暇顾及饮食营养和健康，有时候常吃快餐或方便食品，因而造成营养不平衡，时间长了必然会影响身体健康。女性饮食包括适量的蛋白质和蔬菜，一些谷物和相当少量的水果和甜食。此外大量的矿物质尤为适应女性。

适宜菜肴

☆男性 Male☆

分类原则

男性如果对自身营养关注不够，很容易发生因营养失衡而引起的一系列生活方式疾病。因此，关注男性营养，养成健康的饮食习惯，对于保护和促进其健康水平，保持旺盛的工作能力极为重要。男性在营养平衡的基础上，其基本膳食准则为节制饮食、规律饮食和加强运动。一般男性应该控制热能摄入，保持适宜蛋白质、脂肪、碳水化合物供能比，并增加膳食中钙、镁、锌摄入，以利于身体健康。

适宜菜肴

☆老年 Elderly ☆

分类原则

老年期对各种营养素有了特殊的需要，但营养平衡仍是老年人饮食营养的关键。老年营养平衡总的原则是应该热能不高；蛋白质质量高，数量充足；动物脂肪、糖类少；维生素和矿物质充足。所以据此可归纳为三低（低脂肪、低热能、低糖）、一高（高蛋白）、两充足（充足的维生素和矿物质），还要有适量的食物纤维素，这样才能维持机体的营养平衡。

适宜菜肴

让我们美味共享

对于初学者，需要多长时间才能真正学会家常菜，并且能够为家人、朋友制作成美味适口的家常菜，是他们最关心的问题。为此，我们特意为大家编写了《吉科食尚—7天学会家常菜》系列图书，只要您按照本套图书的时间安排，7天就可以轻松学会多款家常菜。

《吉科食尚—7天学会家常菜》系列图书针对烹饪初学者，首先用2天时间，为您分步介绍新手下厨需要了解和掌握的基础常识。随后的5天时间，我们遵循家常菜简单、实用、经典的原则，选取一些食材易于购买、操作方法简单、被大家熟知的菜肴，详细地加以介绍，使您能够在7天中制作出美味佳肴。

全国各大书店、网上商城火爆热销中

《新编家常菜大全》

《新编家常菜大全》是一本内容丰富、功能全面的烹饪书。本书选取了家庭中最为常见的100种食材，为读者介绍多款适宜家庭制作的菜肴。

《铁钢老师的家常菜》

重量级嘉宾林依轮、刘仪伟、董浩、杜沁怡、李然等倾情推荐。《天天饮食》《我家厨房》电视栏目主持人李铁钢大师首部家常菜图书。

中味道 吉科食尚 最家常

《精选美味家常菜》

《秘制南北家常菜》

央视金牌栏目《天天饮食》原班人马，著名主持人侯军、蒋林珊、李然、王宁、杜沁怡等倾力打造《我家厨房》。扫描菜肴二维码，一菜一视频，学菜更为直观，国内真正第一套全视频、全分解图书。

（精装大开本，一菜一视频，学菜更直观，一学就会，超值回馈）

百余款美味滋补靓粥
给你家人般爱心滋养

《阿生滋补粥》是一本内容丰富、功能全面的靓粥大全。本书选取家庭中最为常见的食材，分为清淡素粥、浓香肉粥、美味海鲜粥、怡人杂粮粥、滋养药膳粥五个篇章，介绍了近200款操作简单、营养丰富、口味香浓的家常靓粥。

美食是一种享受生活的方式
烹调则是在享受其中的乐趣

本书选取家庭最为常见的18种烹饪技法，为您详细讲解相关的技巧和要领的同时，还精心挑选了多款营养均衡、适宜家庭制作的美味菜肴，图文并茂、简单明了，让您一看就懂，一学就会，快速掌握家常菜肴的制作原理和精髓，真正领略到烹饪的魅力。

图书在版编目（CIP）数据

一看就会家常靓汤 / 生活食尚编委会编. -- 长春 :
吉林科学技术出版社, 2014.8
ISBN 978-7-5384-8077-1

Ⅰ. ①一… Ⅱ. ①生… Ⅲ. ①汤菜－菜谱 Ⅳ.
①TS972.122

中国版本图书馆CIP数据核字(2014)第195114号

一看就会家常靓汤

YIKANJIUHUI JIACHANG LIANGTANG

编　生活食尚编委会
出版人　李　梁
策划责任编辑　张恩来
执行责任编辑　赵　渤
封面设计　长春创意广告图文制作有限责任公司
制　版　长春创意广告图文制作有限责任公司
开　本　720mm×1000mm　1/16
字　数　250千字
印　张　12
印　数　1-12 000册
版　次　2014年9月第1版
印　次　2014年9月第1次印刷
出　版　吉林科学技术出版社
发　行　吉林科学技术出版社
地　址　长春市人民大街4646号
邮　编　130021
发行部电话/传真　0431-85677817　85635177　85651759
85651628　85600611　85670016
储运部电话　0431-86059116
编辑部电话　0431-85635186
网　址　www.jlstp.net
印　刷　沈阳天择彩色广告印刷股份有限公司
书　号　ISBN 978-7-5384-8077-1
定　价　26.80元

如有印装质量问题可寄出版社调换
版权所有　翻印必究　举报电话: 0431-85635186